煤炭行业特有工种职业技能鉴定培训教材

支 护 工

（初级、中级、高级）

·第 3 版·

煤炭工业职业技能鉴定指导中心　组织编写

应急管理出版社

·北　京·

内 容 提 要

本书以支护工国家职业标准为依据，分别介绍了支护工初级、中级、高级等级职业技能考核鉴定的知识及技能方面的要求。内容包括矿井地质基础知识、相关安全基础知识、采煤工作面支柱支设与回柱放顶的操作、工作面顶板事故的处理及机具的维修与保养等知识。

本书是初级、中级、高级支护工职业技能考核鉴定前的培训和自学教材，也可作为各级各类技术学校相关专业师生的参考用书。

本书编审人员

主　编　刘雨忠

副主编　姜　华　　纪四平

编　写　曾永志　　刘忠远　　冯胜利　　张兴华　　陈季斌

　　　　　李德学　　韩　菲　　杜银龙　　罗运栋　　吴　宇

　　　　　张永兵　　李恩祥　　李兴庆　　冯建国　　胡兴成

　　　　　彭龙现　　陈洪章　　刘　鹏　　谢连银　　渠慎杰

主　审　高志华

审　稿（按姓氏笔画为序）

　　　　　丁锐坚　　左学军　　安修库　　李景铎　　张　军

　　　　　张双瑞　　张青林　　钟海平　　曹川旭　　韩鑫创

　　　　　薄玉山

修　订　曾永志

PREFACE 前言

　　为了进一步提高煤炭行业职工队伍素质,加快煤炭行业高技能人才队伍建设步伐,实现煤炭行业职业技能鉴定工作的标准化、规范化,促进其健康发展,根据国家的有关规定和要求,从 2004 年开始,煤炭工业职业技能鉴定指导中心陆续组织有关专家、工程技术人员和职业培训教学管理人员编写了《煤炭行业特有工种职业技能鉴定培训教材》,作为国家职业技能鉴定考试的推荐用书。

　　本套教材以相应工种的职业标准为依据,内容上力求体现"以职业活动为导向,以职业技能为核心"的指导思想,突出职业技能培训特色。在结构上,针对各工种职业活动领域,按照模块化的方式,分初级工、中级工、高级工、技师、高级技师 5 个等级进行编写。每个工种的培训教材分为两册出版,其中初级工、中级工、高级工为一册,技师、高级技师为一册。

　　本套教材自 2005 年陆续出版以来,一直备受煤炭企业的欢迎,现已有近50 个工种的初级工、中级工、高级工教材和近 30 个工种的技师、高级技师教材,涵盖了煤炭行业的主体工种,较好地满足了煤炭行业高技能人才队伍建设和职业技能鉴定工作的需要。

　　当前,煤炭科技迅猛发展,新法律法规、新标准、新规程、新技术、新工艺、新设备、新材料不断涌现,特别是我国煤矿安全的主体部门规章——《煤矿安全规程》已于 2022 年全面修订并颁布实施,原教材有些内容已显陈旧,不能满足当前职业技能水平评价工作的需要,因此我们决定再次对教材进行修订。

　　本次修订出版的第 3 版教材继承前两版教材的框架结构,对已不适应当前要求的技术方法、装备设备、法律法规、标准规范等内容进行了修改完善。

　　编写技能鉴定培训教材是一项探索性工作,有相当的难度,加之时间仓促,不足之处在所难免,恳请各使用单位和个人提出宝贵意见和建议。意见建议反馈电话:010 - 84657932。

煤炭工业职业技能鉴定指导中心

2023 年 12 月

CONTENTS **目 录**

第三部分　支护工中级技能

第一部分

支护工基础知识

第一章

职 业 道 德

第一节 职业道德的基本知识

一、道德

道德是一种普遍的社会现象。没有一定的道德规范，人类社会既不能生存，也无法发展。什么是道德、道德具有什么特点、什么是职业道德、职业道德具有什么特点和社会作用等，在我们学习职业（岗位、工种）基本知识和操作技能之前，应当对这些问题有个基本了解。

1. 道德的含义

在日常生活和工作实践中，我们经常会用到"道德"这个词。我们或用它来评价社会上的人和事，或用它来反省自己的言谈举止。

道德是一个历史范畴，随着人类社会的产生而产生，同时也随着人类社会的发展而发展。道德又是一个阶级范畴，不同阶级的人对它的理解也不同，甚至互相对立。在我国古代，"道"和"德"原本是两个概念。"道"的原意是道路，"德"的原意是正道而行，后来把这两个词合起来用，引申为调整人们之间关系和行为的准则。在西方，一些思想家也对道德作过多种多样的解释，但只有用马克思主义观点来认识道德的含义和本质才是唯一的正确途径。

马克思主义认为，道德是人类社会特有的现象。在人类社会的长期发展过程中，为了维护社会生活的正常秩序，就需要调节人们之间的关系，要求人们对自己的行为进行约束，于是就形成了一些行为规范和准则。一般来说，所谓道德，就是调整人和人之间关系的一种特殊的行为规范的总和。它依靠内心信念、传统习惯和社会舆论的力量，以善和恶、正义和非正义、公正和偏私、诚实和虚伪、权利和义务等道德观念来评价每个人的行为，从而调整人们之间的关系。

2. 道德的基本特征

（1）道德具有特殊的规范性。道德在表现形式上是一种规范体系。虽然在人类社会生活中，以行为规范方式存在的社会意识形态还有法律、政治等，但道德具有不同于这些行为规范的显著特征：①它具有利他性。它同法律、政治一样，也是社会用来调整个人同他人、个人同社会的利害关系的手段。但它同法律、政治的不同之处在于，在调整这些关系时，追求的不是个人利益，而是他人利益、社会利益，即追求利他。②道德这种行为规范是依靠人们的内心信念来维系的。当然，道德也需要靠社会舆论、传统习俗来维系，这些也是具有外在性、强制性的力量。但如果社会舆论和传统习俗与个人的内心信念不一致，就起不到约束作用。因此，道德具有自觉性的特点。③道德的这种规范作用表现为对人们的行为进行劝阻与示范的统一。道德依据一定的善恶标准来对人们的行为进行评价，对恶行给予谴责、抑制，对善行给予表扬、示范，这同法律规范以明确的命令或禁止的方式来发生作用是不同的。

（2）道德具有广泛的渗透性。道德广泛地渗透到社会生活的各个领域和一切发展阶段。横向地看，道德渗透于社会生活的各个领域，无论是经济领域还是政治领域，也无论是个人生活、集体生活还是整个社会生活，时时处处都有各种社会关系，都需要道德来调节。纵向地看，道德又是最久远地贯穿于人类社会发展的一切阶段，可以说，道德与人类始终共存亡；只要有人，有人生活，就一定会有道德存在并起着作用。

（3）道德具有较强的稳定性。道德在反映社会经济关系时，常以各种规范、戒律、格言、理想等形式去约束和引导人们的行为与心理。而这些格言、戒律等又以人们喜闻乐见的形式出现，它们很容易被因袭下来，与社会风尚习俗、民族传统结合起来，而内化为人们心理结构的特殊情感。心理结构是相当稳定的东西，一经形成就不易改变。因此，当某种道德赖以存在的社会经济关系变更以后，这种道德不会马上消失，它还会作为一种旧意识被保留下来，影响（促进或阻碍）社会的发展。如在我们国家，社会主义制度已经建立起来了，但封建主义、资本主义的道德残余依然存在，就是这个原因。

（4）道德具有显著的实践性。所谓实践性，是指道德必须实现向行为的实际转化，从意识形态进入人们的心理结构与现实活动。我们判断一个人的道德面貌，不能根据他能背诵多少道德的戒律和格言，也不能根据他自诩怀抱多么纯正高尚的道德动机，而只能根据他的实际行为。道德如果不能指导人们的道德实践活动，不能表现为人们的具体行为，其自身也就失去了存在的意义。

二、职业道德

1. 职业道德的含义

在人类社会生活中，除了公共生活、家庭生活，还有丰富多彩的职业生活。与此相适应，用以指导和调节人与社会之间关系的道德体系，也可以划分为三个部分，即社会道德、婚姻家庭道德和职业道德。职业道德是道德体系的重要组成部分，有其特殊的重要地位。

在人类社会生活中，几乎所有成年的社会成员都要从事一定的职业。职业是人们在社会生活中对社会承担的一定职责和从事的专门业务。职业作为一种社会现象并非从来就有，而是社会分工及其发展的结果。每个人一旦步入职业生活，加入一定的职业团体，就必然会在职业活动的基础上形成人们之间的职业关系。在论述人类的道德关系时，恩格斯曾经指出："每一个阶级，甚至每一个行业，都各有各的道德。"这里说的每一个行业的道德，就是职业道德。

所谓职业道德，就是从事一定职业的人们，在履行本职工作职责的过程中，应当遵循的具有自身职业特征的道德准则和规范。它是职业范围内的特殊道德要求，是一般社会道德和阶级道德在职业生活中的具体体现。每一个行业都有自己的职业道德。职业道德，一方面体现了一般社会道德对职业活动的基本要求，另一方面又带有鲜明的行业特色。例如，热爱本职、忠于职守、为人民服务、对人民负责，是各行各业职业道德的基本规范。但是每一种具体的职业，又都有独特的不同于其他职业道德的内涵，如党政机关、新闻出版单位、公检法部门、科研机构等都有自己的职业道德。

2. 职业道德的特征

各种职业道德反映着由于职业不同而形成的不同的职业心理、职业习惯、职业传统和职业理想，反映着由于职业的不同所带来的道德意识和道德行为上的一定差别。职业道德作为一种特殊的行为调节方式，有其固有的特征。概括起来主要有以下四个方面：

（1）内容的鲜明性。无论是何种职业道德，在内容方面，总是要鲜明地表达职业义务和职业责任，以及职业行为上的道德特点。从职业道德的历史发展可以看出，职业道德不是一般地反映阶级道德或社会道德的要求，而是着重反映本职业的特殊利益和要求。因而，它往往表现为某职业特有的道德传统和道德习惯。俗话说"隔行如隔山"，它说明职业之间有着很大的差别，人们往往可以从一个人的言谈举止上大致判断出他的职业。不同的职业都有其自身的特点，有各自的业务内容、具体利益和应当履行的义务，这使各种职业道德具有鲜明的职业特色。如执法部门道德主要是秉公执法，而商业道德则是买卖公平，等等。

（2）表达形式的灵活性和多样性。这主要是指职业道德在行为准则的表达形式方面，比较具体、灵活、多样。各种职业集体对从业人员的道德要求，总是要适应本职业的具体条件和人们的接受能力，因而，它往往不仅仅只是原则性的规定，而是很具体的。在表达上，它往往用体现各职业特征的"行话"，以言简意明的形式（如章程、守则、公约、须知、誓词、保证、条例等）表达职业道德的要求。这样做，有利于从业人员遵守和践行，有助于从业人员养成本职业所要求的道德习惯。

（3）调节范围的确定性。职业道德在调节范围上，主要用来约束从事本职业的人员。一般来说，职业道德主要是调整两个方面的关系：一是从事同一职业人们的内部关系，二是同所接触的对象之间的关系。例如，一个医生，不但要热爱本职工作，尊重同行业人员，而且要发扬救死扶伤的精神，尽自己最大努力为患者解除痛苦。由此可见，职业道德主要是用来约束从事本职业的人员的，对于不属于本职业的人，或职业人员在该职业之外的行为活动，它往往起不到约束作用。

（4）规范的稳定性和连续性。无论何种职业，都是在历史上逐渐形成的，都有漫长的发展过程。农业、手工业、商业、教育等古老的职业，都有几千年的历史。而伴随现代工业产生的系列新型职业也有几十年或几百年的历史。虽然每种职业在不同的历史时期有不同的特点，但是，无论在哪个时代，每种职业所要调整的基本道德关系都是大致相同的。如医生在历朝历代主要是协调医患关系。正因为如此，基于调整道德关系而产生的职业道德规范，就具有历史的连续性和较大的稳定性。例如，从古希腊奴隶制社会的著名医生希波克拉底，到我国封建时代的唐代名医孙思邈，再到现代世界医协大会所制定的《日内瓦宣言》，都主张医生要救死扶伤，对患者一视同仁。医生职业道德规范的基本内容鲜明地体现着历史的连续性和稳定性。

3. 职业道德的社会作用

职业道德是调整职业内部、职业与职业、职业与社会之间的各种关系的行为准则。因此，职业道德的社会作用主要是：

（1）调整职业工作与服务对象的关系，实际上也就是职业与社会的关系。这要求从业人员从本职业的性质和特点出发，为社会服务，并在这种服务中求得自身与本职业的生存和发展。教师道德涉及教师和学生的关系，医生道德涉及医生和患者的关系，司法道德涉及司法人员与当事人的关系。哪种职业为社会服务得好，哪种职业就会受到社会的赞许，否则就会受到社会舆论的谴责。

（2）调整职业内部关系。包括调整领导者与被领导者之间、职业各部门之间、同事之间的关系。这诸种关系之间都要保持和谐共进、相互信任、相互支持、相互合作，避免互相拆台、互相掣肘，从而实现社会关系的协调统一。

（3）调整职业之间的关系。通过职业道德的调整，使各行业之间的行为协调统一。社会主义社会各种职业的目的都是为实现全社会的共同利益服务的。各行业之间的分工合作、协调一致，是社会主义职业道德的基本要求。除此之外，职业道德在促进职业成员成长的过程中也有重要作用。一个人有了职业，就意味着这个人已经踏入社会。在职业活动中，他势必要面对和处理个人与他人、个人与社会的关系问题，并接受职业道德的熏陶。由于职业道德与从业人员的切身利益息息相关，人们往往通过职业道德接受或深化一般社会道德，并形成一个人的道德素养。注重职业道德的建设和提高，不仅可以造就大批有强烈道德感、责任心的职业工作者，而且可以大大促进社会道德风尚的发展。

第二节　职业守则

通常职业道德要求通过在职业活动中的职业守则来体现。广大煤矿职工的职业守则有以下几个方面：

1. 遵纪守法

煤炭生产有它的特殊性，从业人员除了遵守《煤炭法》《安全生产法》《煤矿安全生产条例》《煤矿安全规程》外，还要遵守煤炭行业制定的专门规章制度。只有遵法守纪，才能确保安全生产。作为一名合格的煤矿职工，应该遵守煤矿的各项规章制度，遵守煤矿劳动纪律，尤其是岗位责任制和操作规程、作业规程，处理好安全与生产的关系。

2. 爱岗敬业

热爱本职工作是一种职业情感。煤炭是我国当前的主要能源，在国民经济中占举足轻重的地位。作为一名煤矿职工，应该感到责任重大、使命光荣；应该树立热爱矿山、热爱本职工作的思想，认真工作，培养职业兴趣；干一行、爱一行、专一行，既爱岗又敬业，创造性地干好本职工作，为我国的煤矿安全生产多作贡献。

3. 安全生产

煤矿生产是人与自然的斗争，工作环境特殊，作业条件艰苦，情况复杂多变，危险有害因素多，稍有疏忽或违章，就可能导致事故发生，轻者影响生产，重则造成矿毁人亡。安全是煤矿工作的重中之重。没有安全，生产就无从谈起。作为一名煤矿职工，一定要按章作业，抵制"三违"，做到安全生产。

4. 钻研技能

职业技能，也可称为职业能力，是人们进行职业活动、完成职业责任的能力和手段。它包括实际操作能力、业务处理能力、技术能力以及相关理论知识水平等。

经过新中国成立以来几十年的发展，我国的煤炭生产也由原来的手工作业转变为综合机械化作业，正在向智能化开采迈进，大量高科技产品、科研成果被广泛应用于煤炭生产、安全监控之中，建成了许多世界一流的现代化矿井。所有这些都要求煤矿职工在工作和学习中刻苦钻研职业技能，提高技术能力，掌握扎实的科学知识，只有这样才能胜任自己的工作。

5. 团结协作

任何一个组织的发展都离不开团结协作。团结协作、互助友爱是处理组织内部人与人之间、组织与组织之间关系的道德规范，也是增强团队凝聚力、提高生产效率的重要法宝。

6. 文明作业

爱护材料、设备、工具、仪表，保持工作环境整洁有序；着装整齐，符合井下作业要求；行为举止大方得体。

第二章

基础知识

第一节 安全基础知识

从事井下煤炭生产是一种高危的职业，存在着很多危险，有水、火、顶板、瓦斯和煤尘等自然灾害。因此，新工人入井前，必须对井下生产过程中遇到的方方面面有所了解、理解、牢记《煤矿安全规程》、作业规程、操作规程，必须遵章守纪，牢固树立安全第一的思想。

一、煤矿安全生产方针

支护工在现场施工时应坚持"安全第一、预防为主、综合治理"的安全生产方针。"安全第一"就是要做到不安全不生产，隐患不处理不生产，安全技术措施不落实不生产；"预防为主"就是防患于未然，把事故隐患消灭在萌芽状态；"综合治理"是指综合运用法律、经济、行政等手段，人管、法制、技防等多管齐下，并充分发挥社会、职工、舆论的监督作用，从责任、制度、培训等多方面着力，形成标本兼治、齐抓共管的格局。

支护工工作场所狭窄、黑暗、潮湿并经常移动，多工种交叉作业，施工现场伴随顶板、瓦斯、煤尘、水和火等自然灾害，支护工要时时、事事、处处把安全工作放在首要位置。

二、入井常识

入井人员必须戴安全帽、随身携带自救器和矿灯，严禁携带烟草和点火物品，严禁穿化纤衣服，入井前严禁喝酒。

三、采煤工作面支护工安全知识

为保障职工人身安全，防止事故发生，支护工进入工作面作业前先敲帮问顶，检查顶板是否离层、掉顶，煤壁是否片帮，确定安全后才能进入现场施工。

采煤工作面严禁空顶作业。靠近爆破地点上下 10 m 范围内的支架，爆破前必须加固。爆破崩倒、崩坏的支柱，必须先行处理。处理支架时先检查顶板，然后由上往下逐架检查，支柱架设完毕后再继续爆破。

采煤工作面使用单体支柱时，严禁在控顶区域内提前摘柱。碰倒或损坏、失效的支柱，必须立即恢复或更换。采煤工作面推移输送机机头、机尾需要拆除附近的支柱时，必须先架好可靠的临时支柱。

四、支护工的权限和责任

支护工要认真执行"安全第一、预防为主、综合治理"的安全生产方针，在确保自身和他人安全的前提下进行生产作业。

支护工的权限：

（1）支护工有权制止作业范围内的违章作业。

（2）作业范围内有安全隐患时，有权拒绝作业。

（3）当作业地点出现危险情况时，有权立即停止作业，撤到安全地点。

（4）当危险情况没有得到处理，不能保证人身安全时，有权拒绝作业。

支护工的责任：

（1）检查工作地点的顶板、煤帮和支护是否符合质量要求，发现问题及时处理，不能处理时，立即向班（组）长汇报。

（2）进行支护前，必须在有完好支护的保护下，用长把工具进行敲帮问顶，摘除悬矸、危矸和松动的煤帮。

（3）按操作规程和安全质量标准要求架设支架。

（4）支护工对所在岗位的安全工作负责。

五、井下避灾遵循的原则

事故发生后，首先现场人员应尽量了解和判断事故的性质、地点和灾害严重程度，迅速向矿调度室报告，同时应根据灾情和现有条件，在保证安全的前提下，及时进行现场抢救，制止灾害进一步扩大。制止无效时，应由在场的负责人或有经验的老工人带领，选择安全避灾路线迅速撤离危险区域。井下避灾时，必须遵循以下原则：

（1）积极抢救。灾害事故发生后，处于灾区内以及受威胁区域的人员应沉着冷静，根据灾情的现场条件，在保证自身安全的前提下，采取积极有效的方法和措施，及时投入现场抢救，将事故消灭在初期阶段或控制在最小范围内，最大限度地减少事故造成的损失。抢救时，必须保持统一指挥和严密组织，严禁冒险蛮干、惊慌失措，严禁各行其是、单独行动；要采取措施防止灾区条件恶化，保障救灾人员的安全，要特别警惕并避免中毒、窒息、爆炸、触电、二次突出、顶帮二次垮落、再次发生火灾等。

（2）及时报警。事故发生初期，事故地点及附近的人员应准确地判断灾情，积极、安全地消灭或控制事故的同时，必须及时向矿井调度室汇报灾害情况，迅速向可能受事故波及区域的人员发出警报。

（3）安全撤离。当受灾现场不具备事故抢救的条件，或抢救时可能危及人员安全时，应由跟班队长、班长或有经验的老工人带领，根据矿井灾害预防和处理计划中规定的撤退路线或作业规程中规定的避灾线路撤离，同时要根据当时、当地的实际情况，尽量选择安全条件最好、距离最短的路线，迅速撤离危险区域。撤退时，要服从领导，听从指挥，根据灾情使用防护用品和装备；要发扬团结互助和先人后己的精神，主动承担抢险工作，照料好伤员和年老体弱的同事；遇到溜煤眼、积水区、垮落区等危险地段时，应先探明情况，谨慎通过。

（4）妥善避灾。当矿井井下发生灾害事故后，如无法撤退（通路被冒顶阻塞、在自救器有效工作时间内不能到达安全地点等）时，应迅速进入预先构筑好的或就近地点快速构筑的临时躲避硐室，或者选择灾区较安全的地点，进行自救和互救，妥善避灾，努力维持和改善自身生存条件，等待矿山救护队的援救。

六、灾害发生时现场人员的自救与互救

多数灾害事故发生初期，波及范围和危害程度都比较小，也是消灭事故、减少损失的最有利时机。而且灾害刚发生时，救护队很难马上到达，因此在场人员要尽可能利用现有的设备和工具材料将其消灭在萌芽阶段。如不能消灭灾害事故，应正确、及时地进行自救和互救，这点是非常重要的。

（1）选择适宜的避灾地点。迅速进入预先构筑好的避难硐室或其他安全地点暂时躲避，也可利用工作地点的独头巷道、硐室或两道风门之间的巷道，用现场材料修建临时避难硐室。

（2）保持良好的精神状态。当矿井井下发生灾害事故后，遇险人员千万不可过分悲观和忧虑，更不能急躁盲动，冒险乱闯。人员在避难硐室内应静卧，避免不必要的体力消耗和空气消耗，借以延长时间，等待救援。同时要树立获救脱险的信念，互相鼓励，统一思想，以旺盛的斗志和坚强的毅力，克服一切艰难困苦，直到安全脱险。

（3）建筑安全防身空间。当矿井井下发生灾害事故后，要密切注视灾害事故的发展和避灾地点及其附近的烟气、风流、顶板、水情、温度等的变化。当发现危及人员安全时，应就近取材构筑安全防护设施，如用支架、木料建防护挡板，防止冒顶煤矸垮落进入避难硐室；用衣服、风筒堵住避难硐室的孔隙或构建临时挡风墙、吊挂挡风帘，防止有害气体涌入。在有毒有害气体浓度超限的环境中避灾时，当有压风自救装置或自救器时，要坚持使用压风自救装置或自救器。

（4）改善避灾地点的生存条件。当矿井井下发生灾害事故后，如发觉避灾地点条件恶化，危及人员安全时，应立即转移到附近的其他安全地点。若因条件限制无法转移时，也应积极采取措施，努力改善避灾地点的生存条件，尽量延长时间，等待救援。

（5）积极同救援人员取得联系。当矿井井下发生灾害事故后，应在避难硐室或所在地点附近，采取写字、遗留物品等方式，设置明显标志，为矿山救护队指示营救目标。在避灾地点，应用呼喊、敲击顶帮或金属物等方式发出求救信号，与救护人员取得联系。如有可能，可寻找电话或其他通信设备，尽快与井上救援指挥部通话。

（6）积极配合救援人员的抢救工作。当井下发生灾害事故后，在避灾地点听到救援人员的联络信号，或发现救援人员来营救时，要克制自己的情绪，不可慌乱和过分激动，应在可能的条件下积极配合。遇险人员脱离灾区时，要听从救援人员的安排，保持良好的秩序，并注意自身和他人安全，避免造成意外伤害。

（7）发生灾害事故及时佩戴自救器。当所在地点的有毒有害气体浓度增高，可能危及人员生命安全时，必须及时、正确地佩戴自救器，严格制止不佩戴自救器的人员进入灾区工作或通过窒息区撤退。撤退时要根据灾害现场实际情况，采取不同的对应措施。在任何情况下，都要统一行动，听从指挥，不准各行其是，单独行动。

（8）发生灾害事故积极参与抢救工作。在受灾地点或撤退途中，发现受伤人员时，只要他们一息尚存，就应组织有经验的同志积极进行抢救并运送到安全地点。

七、自救器的使用

1. 化学氧隔离式自救器的使用方法及注意事项

化学氧隔离式自救器的使用方法：

（1）打开扳手，左手托底，右手下拉护罩胶片，使护罩钩脱离壳体丢掉，再用右手掰锁口带扳手至封口条断开后，丢开锁口带。

（2）去掉外壳，左手将下外壳、右手将上外壳用力拔下丢掉。

（3）将挎带组套在脖子上。

（4）提起口具并立即带好，用力提起口具，靠拴在口具与启动环间的尼龙绳的张力将启动针拉出，此时气囊逐渐鼓起。立即拔掉口具塞同时将口具放入口中，口具片置于唇齿之间，牙齿紧紧咬住牙垫，紧闭嘴唇。若尼龙绳被拉断，气囊未鼓，可以直接拉起启动环。

（5）夹好鼻夹，两手同时抓住两个鼻夹垫的圆柱形把柄，将弹簧拉开，憋住一口气，使鼻夹垫准确地夹住鼻子。

（6）调整挎带，去掉外壳。

（7）系好腰带，退出灾区。

使用化学氧隔离式自救器时的注意事项：

（1）佩戴自救器时，左手握住外壳下底，右手握开启环，拉开封口带，打开自救器，再用右手用力把上盖拉开。这样起动装置上的销针就被拔掉，击锤在弹簧力作用下把葫芦瓶打破，瓶中硫酸与药块作用，约在 30 s 内就可放出 2.5～3 L 以上的氧气，充满气囊。随即套上脖带，拔掉口具塞，戴上口具，夹上鼻夹，系好腰带。拉掉上盖时，由于下底盒内卡片口的作用，药罐不会从外壳中拉出。

（2）使用者在甩掉上壳，戴上自救器后，壳体逐渐变热，而且吸气温度逐渐升高，证明自救器正常工作。

（3）行走时不要惊慌，呼吸要均匀。当经过冒落等危险地区时，可以快步通过。在快步行走到吸气不足或阻力大时，应当放慢脚步。在未到达可靠的安全地点时，不要拿下鼻夹和口具。使用中口腔产生的唾液可自然流入口水盒中。

（4）个人携带的自救器应尽量防止撞击，更不要当坐垫使用。无事故时不要拉封口带。

2. 压缩氧隔离式自救器的使用方法及注意事项

压缩氧隔离式自救器的使用方法：

（1）打开外壳封口带扳把。

（2）打开上盖，然后左手抓住氧气瓶，右手用力向上提上盖，氧气瓶开关自动打开，最后将主机从下壳中拖出。

（3）摘下矿工帽，跨上挎带。

（4）拔开口具塞，将口具放入嘴内，牙齿咬住牙垫。

（5）将鼻夹夹在鼻子上，开始呼吸。

（6）按动补给，大约 $1\sim2$ s 将气囊充满，立即停止（使用过程中如发现气囊是空的，供气不足时，按上述方法操作）。

（7）挂上腰钩，撤出灾区。

使用压缩氧隔离式自救器时的注意事项：

（1）高压氧气瓶储装有一定压力的氧气，携带过程中要防止撞击磕碰，不准当坐垫使用。

（2）携带过程中严禁开启扳手。

（3）佩戴本自救器撤离时，严禁摘掉口具、鼻夹或通过口具讲话。

第二节　矿井地质

一、矿物与岩石

组成地壳的物质主要是岩石，岩石由矿物颗粒组成。矿物是一种或多种元素在地质作用下自然形成的产物（以固体化合物为主），各种矿物均有不同的化学成分和物理性质，不同的地质作用形成了不同的矿物与岩石，而且所构成的岩石成分和物理性质也是不均匀的，同一类岩石的化学成分和物理性质可能有很大的差别。

岩石按其生成的方式分为岩浆岩、沉积岩和变质岩3大类。

（1）岩浆岩。岩浆岩又称火成岩，它是高温高压融化的岩浆侵入地壳或喷出地表冷凝形成的岩石。常见的岩浆岩是花岗岩和玄武岩等。

（2）沉积岩。地表原有岩石经风化、剥蚀成碎屑，经流水的搬运，在湖泊、沼泽地带沉积下来，这些沉积物经过地质作用的压紧、胶结等形成沉积岩。常见的沉积岩有砂岩、页岩和石灰岩等。

煤是沉积岩的一种，在煤矿中遇到的岩石几乎都是沉积岩，很少遇到岩浆岩和变质岩。

（3）变质岩。变质岩是已经形成的各种岩石（如岩浆岩、沉积岩）受物理和化学条件变化的影响，改变了原来的成分和性质而形成的岩石，如石灰岩变质成大理岩。

二、煤、煤层

（一）煤的形成

煤是古代植物遗体的堆积层埋在地后，经过长期的地质作用形成的。据研究，几乎所有的植物遗体，只要具备了成煤条件，都可以转化成煤。由植物遗体转变成煤的过程统称成煤作用。成煤作用一般经过两个阶段：

（1）泥炭化阶段。古生植物遗体被搬运到地表较低的沼泽环境中沉积。由于被水淹没、浸泡而减少了与空气中氧气的接触，在厌氧细菌的分解活动下逐渐形成泥炭。

（2）煤化阶段。当泥炭形成后，由于地壳继续发生沉降，泥炭层很快被其他沉积物掩埋。随着地壳的进一步沉降，它上面覆盖的沉积物越来越厚。在压力和地温的共同作用下发生了脱水、胶结、聚合，体积大大缩小，形成了最初的煤——褐煤。褐煤在地壳继续下沉的环境下，经高温高压的作用，进一步变化，最终形成各种不同类型的煤。

煤的形成条件分为以下 4 方面：

（1）植物条件。植物是煤的物质原料，没有植物的生长和大量繁殖就不可能有煤的形成。

（2）气候条件。只有在潮湿、温暖的气候条件下植物才能大量繁殖生长。

（3）地理环境。要形成分布面积较广的煤层，还必须有适于发生大面积沼泽化的自然地理环境。这样的自然地理环境有利于古生物遗体的沉积。

（4）地壳运动。地壳的下沉是成煤的重要条件，只有地壳的沉降才有利于泥炭的堆积和掩埋，同时才能产生高压及高温使泥炭进一步转化成煤。

（二）煤层的形态与结构

煤层的形态是指煤层在空间上的分布状态及变化走势。像其他沉积岩一样，煤层在地下也是呈层状埋藏的。层状的煤层其层位有明显的连续性，厚度变化也有一定的规律。但也有似层状和非层状煤层，似层状煤层形状像藕节、串珠或瓜藤等，层位有一定的连续性，厚度变化较大。非层状煤层形状像鸡窝或扁豆等，层位连续性不明显，常有尖灭。

煤层的结构是指煤层中夹矸的数量和分布特征。根据煤层中有无较稳定的夹矸，将煤层分为两类。

（1）简单结构煤层。煤层中不含夹矸或夹矸很少的煤层。通常厚度较小的煤层往往是简单结构煤层。

（2）复杂结构煤层。煤层中含有夹矸较多的煤层，夹矸层的层数、层位、厚度和岩性变化大。通常厚度较大的煤层往往是复杂结构煤层。

（三）煤层厚度及分类

煤层的厚度是指煤层顶、底板之间的垂直距离。由于成煤条件各不相同，煤层的厚度差异也很大，薄的可能是几厘米的煤线，厚的可达数十米，甚至上百米。根据煤层的产状、煤质、开采方法以及当地对煤的需求情况，综合当时煤炭开采技术和经济条件，确定出可开采的最小煤层厚度叫最小可采厚度，低于最小可采厚度的煤层一般不开采。

煤层的厚度是确定采煤方法的主要因素之一，我国根据开采技术条件，按厚度将煤层分为 4 类：

（1）薄煤层：从最小可采厚度到 1.3 m 的煤层。

（2）中厚煤层：厚度在 1.3~3.5 m 的煤层。

（3）厚煤层：厚度在 3.5~6 m 的煤层。

（4）特厚煤层：厚度大于 6 m 的煤层。

按倾角将煤层分为 4 类：

（1）近水平煤层：地下开采时，倾角在 8°以下的煤层，或露天开采时倾角在 5°以下的煤层。

（2）缓倾斜煤层：地下开采时，倾角在 8°~25°的煤层，或露天开采时倾角在 5°~10°的煤层。

（3）倾斜（中斜）煤层：地下开采，倾角在 25°~45°的煤层，或露天开采时倾角在 10°~45°煤层。

（4）急倾斜煤层：地下或露天开采时倾角在 45°以上的煤层。

按稳定性将煤层分为 4 类：

（1）稳定煤层：煤层厚度变化小，变化规律明显，煤层结构简单或较简单，全区可采或基本全区可采的煤层。

（2）较稳定煤层：煤层厚度有一定变化，但规律性较明显，结构简单至复杂，全区可采或大部分可采，可采范围内厚度变化不大的煤层。

（3）不稳定煤层：煤层厚度变化较大，无明显规律，煤层结构复杂至极复杂的煤层。

（4）极不稳定煤层：煤层厚度变化极大，呈透镜状、鸡窝状，一般不连续，很难找出规律，可采块段分布零星的煤层。

（四）煤层的产状要素

煤层形成时，层位都是水平或近似水平的，后期受到地壳运动等地质变化的影响，破坏了原来的层位，由水平状态可能变成了倾斜或弯曲的形态。为了说明变化后层位的形态，就需要用煤层产状要素来描述其层面在空间的方位及其与水平面的关系。所谓煤层的产状是指其在地壳中的产出状态，包括它们的形态和所在的空间位置。倾斜煤层的空间位置用产状要素表示，即走向、倾向和倾角，简称煤层产状三要素，如图2-1所示。

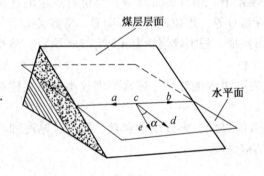

ab—走向线；*cd*—倾向线；*ce*—倾斜线；*α*—煤层倾角

图2-1 煤层的产状要素

（1）走向。在倾斜方向上任意一条水平线称为走向线，走向线两端所指的方向就叫走向。走向表示倾斜煤层沿水平线伸展的方向。

（2）倾向。在倾斜层面上与走向线垂直的向下延伸的直线叫倾斜线，倾斜线的水平投影所指的方向称为倾向。

（3）倾角。倾斜层面与水平面之间的夹角叫做倾角。倾角大小反映煤层的倾斜程度。煤层倾角对开采工作影响较大，往往倾角越大，开采难度越大。

（五）煤层的层理与节理

1. 煤层的层理

层理是最常见的一种原生构造，是由煤层成分、结构和颜色在剖面上突变或渐变显现出来的一种成层构造。层理按其形态分为3种基本类型：平行层理、波状层理、斜层理。层理可通过以下4个方面识别：一是成分变化，由成分差异而显示出来的层理；二是结构变化，通过粒度和形状的变化显示出来的；三是颜色变化，由颜色不同显示出来的层理；四是原生层面构造，包括波痕、泥裂、雨痕、生物遗迹及其印模等。

2. 煤层的节理

节理是指煤层破裂后无显著位移的裂隙。它在空间上表现为面状。由于煤层受力的情况不同，节理面有的平直、光滑，有的弯曲、粗糙，有的裂隙张开，有的闭合，而且深浅大小也不一样。它可以是明显可见地张开或闭合的裂缝、裂隙，也可以是肉眼不易察觉的隐蔽裂纹。

节理按成因分为构造节理与非构造节理两类。前者是由构造作用产生的，与褶曲和断层有一定的成因组合关系。后者是由外力作用产生的，如风化、重力等形成的裂隙。山丘上常见的破裂石块、石缝等都与节理构造有关。

（六）煤层的顶、底板

煤层的顶（底）板是指煤层中位于煤层上（下）一定距离内的岩层，按照沉积的先后顺序，在正常情况下，赋存在煤层之上、在煤层之后形成的岩层叫顶板。赋存在煤层之下、先于煤层生成的邻近岩层叫底板。当采煤工作面的煤炭采落后，煤层的顶、底板就暴露出来，顶板悬空在工作面的上方，底板在工作面的下方。由于沉积物质和沉积环境的差异，顶、底板岩层性质和厚度各不相同，在开采过程中破碎、冒落的情况也就不同。通常从采煤工作的角度出发，考虑顶、底板岩层相对于煤层的位置、移动特点和强度等特征的不同，由煤层依次向上，把煤层的顶板划分为伪顶、直接顶和基本顶（老顶）3 个部分；由煤层向下，把煤层的底板分为伪底、直接底和基本底（老底）3 个部分。并不是所有煤层的顶、底板都是由这 3 个部分组成。可能在煤系沉积过程中，受沉积环境变化的影响，会出现有的煤层的顶、底板发育不全，有的煤层可能缺失某一个或几个顶、底板。

1. 顶板

（1）伪顶。伪顶直接覆盖在煤层之上，极易随煤炭的采出而同时垮落，厚度不大，一般在 0.6 m 以下，岩性多为炭质泥岩。

（2）直接顶。直接顶是直接位于伪顶或煤层（如无伪顶）之上，具有一定的稳定性，常随着采煤工作面移架或回柱工序的完成而自行垮落的岩层。厚度一般可达几米，岩性多为较易垮落的泥岩、页岩、粉砂岩等。

（3）基本顶。基本顶是位于直接顶之上或直接位于煤层之上（此时无直接顶和伪顶）的厚而坚硬的岩层。一般长时间不易自行垮落，在采空区上方悬露一段时间，当达到一定悬露面积之后才垮落，通常由砂岩、砾岩、石灰岩等坚硬岩石组成。

2. 底板

（1）伪底。伪底是直接位于煤层之下的薄而软弱的岩层，岩性多为炭质页岩或泥岩，厚度不大，多为 0.2 ~ 0.3 m。

（2）直接底。直接底是位于煤层之下与煤层直接接触的硬度较低的岩层，一般无明显的层理，直接底的厚度一般不大，常见的几十厘米，通常为泥岩、页岩或黏土岩。若直接底为黏土岩，遇水后则会发生膨胀，造成巷道底板隆起现象，轻者影响巷道运输与支护，重者可使巷道遭受严重破坏。

（3）基本底。基本底是位于直接底之下的比较坚硬的岩层，常为粉砂岩、砂岩和石灰岩等。

三、地质构造及分类

煤层生成初期，一般都是以水平或近水平状态赋存的，在一定的范围内也是连续完整。由于地壳升降或水平方向的挤压运动，煤和岩层改变原始的埋藏状态，所产生的变形或变位称为地质构造。地质构造的形态多种多样，有简单的，有复杂的，但概括起来可分为褶皱构造、单斜构造和断裂构造 3 种基本类型。

较为常见的地质构造有褶曲、单斜、断裂、冲蚀、岩溶、塌陷和岩浆侵入等。

（一）褶皱构造

褶皱是岩层或煤层由于地壳升降或受水平挤压后弯曲，但仍保持连续性和完整性的构造形态，褶皱构造中的每一个弯曲叫褶曲。

1. 褶曲的基本形态

褶曲的基本形态有背斜和向斜两种。在剖面图上，岩层层面凸起的褶曲叫背斜，岩层层面凹下的褶曲叫向斜。在自然地层中，背斜和向斜往往是彼此相连的。当一个向斜（或背斜）构造的范围较大时，它的一翼又称为单斜构造，不少矿井常开采单斜部分的煤层，向斜和背斜如图2-2所示。

2. 褶曲的构成要素

褶曲构成要素包括核部、翼部、轴面、轴线、枢纽、弧尖、高点等，如图2-3所示。

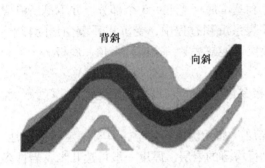

g—弧尖；ge—枢纽；fe—轴线；efhi—轴面；
ab、cd—翼部；j—核部

图2-2　向斜和背斜示意图　　图2-3　褶曲的构成要素

3. 褶曲的分类

1）按褶曲的轴面产状分类

按褶曲的轴面产状分为直立褶曲、倾斜褶曲、倒转褶曲、平卧褶曲，如图2-4所示。

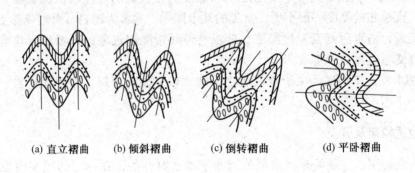

(a) 直立褶曲　　(b) 倾斜褶曲　　(c) 倒转褶曲　　(d) 平卧褶曲

图2-4　根据轴面产状划分的褶曲形态类型

（1）直立褶曲。轴面直立，两翼向不同方向倾斜，两翼岩层的倾角基本相同，在横剖面上两翼对称，如图2-4a所示。

（2）倾斜褶曲。轴面倾斜，两翼向不同方向倾斜，但两翼岩层的倾角不等，在横剖面上两翼不对称，如图2-4b所示。

（3）倒转褶曲。轴面倾斜程度更大，两翼岩层大致向同一方向倾斜，一翼层位正常，另一翼老岩层覆盖在新岩层之上，层位发生倒转，如图 2 - 4c 所示。

（4）平卧褶曲。轴面水平或近于水平，两翼岩层也近于水平，一翼层位正常，另一翼发生倒转，如图 2 - 4d 所示。

在褶曲构造中，褶曲的轴面产状和两翼岩层的倾斜程度常和岩层的受力性质及褶皱的强烈程度有关。在褶皱不太强烈和受力性质比较简单的地区，一般多形成两翼岩层倾角舒缓的直立褶曲或倾斜褶曲；在褶皱强烈和受力性质比较复杂的地区，一般两翼岩层的倾角较大，褶曲紧闭，常形成倒转或平卧褶曲。

2）按褶曲的枢纽产状分类

按褶曲的枢纽产状分为倾伏褶曲、水平褶曲，如图 2 - 5 所示。

（1）倾伏褶曲。褶曲的枢纽向一端倾伏，两翼岩层在转折端闭合。当褶曲的枢纽倾伏时，在平面上会看到，褶曲的一翼逐渐转向另一翼，形成一条圆滑的曲线，如图 2 - 5a 所示。

（2）水平褶曲。褶曲的枢纽水平展布，两翼岩层平行延伸，如图 2 - 5b 所示。

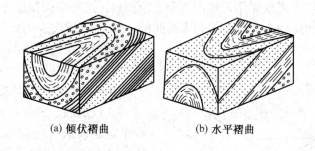

(a) 倾伏褶曲　　　　　　　　　(b) 水平褶曲

图 2 - 5　根据枢纽产状划分的褶曲形态类型

在平面上，褶曲从一翼弯向另一翼的曲线部分，称为褶曲的转折端，在倾伏背斜的转折端，岩层向褶曲的外方倾斜（外倾转折）。在倾伏向斜的转折端，岩层向褶曲的内方倾斜（内倾转折）。在平面上倾伏褶曲的两翼岩层在转折端闭合，是区别于水平褶曲的一个显著标志。

3）按褶曲的平面形态分类

按褶曲的平面形态分为线形褶曲、短轴褶曲、穹隆与构造盆地。

（1）线形褶曲。褶曲的长度和宽度的比例大于 10∶1，延伸长度大而分布宽度小，如图 2 - 6a 所示。

（2）短轴褶曲。褶曲向两端倾伏，长宽比介于 3∶1 ~ 10∶1 之间，呈长圆形；如为背斜则称为短背斜；如为向斜则称为短向斜，如图 2 - 6b 右侧所示。

（3）穹隆与构造盆地。褶曲长宽比小于 3∶1 的圆形背斜为穹隆、向斜为构造盆地；两者均为构造形态，不能与地形上的隆起和盆地混淆，如图 2 - 6b 左侧所示。

4. 褶曲构造对煤层的影响

煤矿向斜轴部是煤矿瓦斯突出的危险区域，当采煤工作面运输巷沿向斜轴掘进时，即可便利运输又可减少煤炭损失，若未能掌握褶曲的方向就可能造成多掘进巷道、多丢煤。

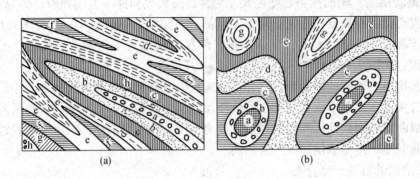

图 2-6　按褶曲平面形态划分的褶曲形态类型

小型褶曲往往还引起煤厚发生变化，使生产条件复杂化。

（二）单斜构造

受地壳运动的影响，地壳表层中的岩层绝大部分是倾斜的，极少数是水平的或接近水平的。在一定范围内岩层或煤层大致向一个方向倾斜，这样的构造形态称为单斜构造。单斜构造往往是其他构造的一部分，如较大褶曲的一翼，或断层的一盘。

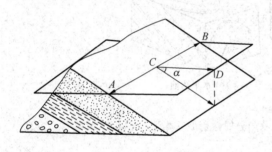

图 2-7　单斜构造岩层产状要素

单斜构造用岩层的产状描述，在空间的分布状态如图 2-7 所示。

单斜构造岩层产状要素如下：

（1）走向。岩层层面与水平面的相交线称为走向线，走向线的方向称为走向。走向表示倾斜岩层在平面上的延伸方向。

（2）倾向。岩层层面上与走向线垂直向下的直线称为倾斜线，倾斜线在水平面上的投影称为倾向线，倾向线的方向称为倾向，倾向表示倾斜岩层向地下深处延伸的方向。

（3）倾角。岩层层面与水平面之间所夹的最大锐角，称为岩层的倾角。

受地质构造的影响，在任何一个煤田内，不同地点的同一煤层的走向、倾向和倾角都是变化的。

（三）断裂构造

当煤岩层受力后遭到破坏，发生断裂，失去了连续性和完整性的构造形态称为断裂构造。断裂后，断裂面两侧岩层或矿体若没有发生明显的位移，称为裂隙或节理；断裂面两侧岩层或矿体发生明显位移的叫断层。

1. 断层

煤岩层被断裂后，两侧的煤岩层发生明显的位移叫断层。这时煤岩层的完整性和连续性遭到破坏，这是一种常见的重要地质构造现象。

1）断层要素

为了描述断层的性质、位置和空间形态，给断层的各个部位以一定的名称，这些断层的基本组成部分称为断层要素，如图2-8所示。

（1）断层面和断层线、交面线。断层面指岩层发生断裂位移时，相对滑动的断裂面。断层面与水平面的交线称断层线。交面线是指断层面与矿体或煤层的交线。

（2）断盘。断层面两侧的岩体称为断盘。如果断层面倾斜时，通常将断层面以上的岩体（又称为断盘）叫上盘，断层面以下的断盘叫下盘。如果断层面竖立时，就无上、下盘之分，可按两盘相对上升或下降分上升盘或下降盘。

（3）断距与落差。指断层的两盘相对位移的距离。断距分为垂直断距（两盘相对位移垂直距离）和水平断距（两盘相对位移水平距离），如图2-9所示。垂直断距又称断层落差，水平断距又称平错。

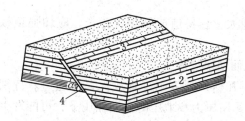 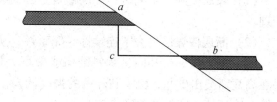

1—下盘；2—上盘；3—断层线；4—断层面

图2-8　断层要素

ab—真断距；bc—水平断距；ac—垂直断距

图2-9　断距示意图

断层的其他参数还包括断层面的走向、倾向和倾角。

2）断层的分类

根据断层上下盘相对移动的方向，分类如下：

（1）正断层：上盘相对下降，下盘相对上升，如图2-10a所示。

（2）逆断层：上盘相对上升，下盘相对下降，如图2-10b所示。

（3）平推断层：断层两盘沿水平方向相对移动，如图2-10c所示。

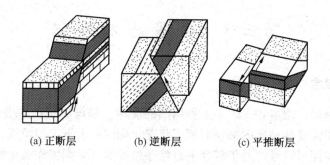

(a) 正断层　　　　(b) 逆断层　　　　(c) 平推断层

图2-10　断层的相对位移分类

根据断层走向与岩层走向关系，分类如下：

（1）走向断层：断层走向与岩层走向平行。

（2）倾向断层：断层走向与岩层走向垂直。

（3）斜交断层：断层走向与岩层走向斜交。

根据落差大小，分类如下：

（1）一般将落差大于 50 m 的称为大型断层。

（2）落差在 20 ~ 50 m 的称为中型断层。

（3）落差小于 20 m 的称为小型断层。

2. 裂隙

裂隙是断裂面两侧煤岩层只发生断裂而使煤岩体失去连续性和完整性，但没有发生明显位移的断裂构造。许多有规则裂隙组合将煤岩分割成一定几何形状的岩块，这种裂隙的总体被称为节理。

根据形成的原因，一般将裂隙分为原生裂隙、构造裂隙和压力裂隙 3 类。

3. 断裂构造对煤层的影响

（1）煤层受断层影响时，煤层破碎，压力增大，容易造成冒顶、片帮，应加强顶板管理。

（2）断层使煤层失去了连续性、完整性，从而使煤层断失。

（3）断层破碎带和向、背斜结构能聚积大量瓦斯，裂隙则是释放瓦斯的通道。特别是在高瓦斯突出矿井，由于破碎带的强度低，在瓦斯压力和地压的共同作用下，可能发生瓦斯突出事故，应采取防突措施。

（四）冲蚀

由于古河流在泥炭层或含煤地层中流过而形成的煤层厚度发生变化，称为冲蚀。按冲蚀的时间分为同生冲蚀和后生冲蚀。

（五）岩溶塌陷

当煤层下部分布有可溶性的石灰岩、白云岩并且有发育的岩溶时，岩溶可能发生塌陷而引起岩层垮落，从而破坏了煤层的完整性，称为岩溶塌陷，通常称为陷落柱。

（六）岩浆侵入

由于地质作用，使岩浆侵入煤层，俗称火成岩侵入。火成岩侵入不但降低煤质，同时给生产带来困难。

第三节　矿图基本知识

一、矿图的概念

矿图是煤矿地质、测量和采矿等工程用图的简称，是煤矿生产建设的重要技术资料。在采掘工程中常常需要各种矿图来表明地质状况，标定井上下工程位置，表示采掘工程的进行情况。通过矿图可以系统地了解井下自然条件并能对采掘工作做出规划。矿图是进行矿井设计、科学管理、指挥生产、合理安排生产计划、预防和治理灾害等必备的基础资料。生产矿井必备的基本矿图分为矿井测量图和矿井地质图两类。

图例和比例尺。绘制矿图所用的符号称为图例。绘制矿图时，因实际地物的形状和尺寸很大，为了看图方便，图纸不能与地物尺寸一样大小，因此按照一定的倍数把地物缩小后，再绘制到图纸上，这种缩小的尺寸与实际地物尺寸之比称为比例尺。矿图常用的比例为 1：10000、1：5000、1：2000、1：1000、1：500。

标高和等高线。为了表示矿井某个位置的高低，必须确定一个比照的标准。这个标准是以选定的某处海平面平均水位的水准面，作为计算高低的标准，如图 2-11 所示。矿井的某一点与这个水准面的垂直距离称为该点的标高。水准面为"0"点，高于水准面的是正数，在数字前面加注"+"；低于水准面的是负数，在数字前面加注"-"。如图 2-11 所示，高于水准面 116 m，标注为"+116"；低于水准面 120 m、250 m，标注为"-120""-250"。

矿井某处的一点和这个水准面的垂直距离称为该点的标高。等高线是由标高相同的若干点连成的光滑曲线。在煤层中将煤层底板同一标高的各点连接成一条线叫煤层底板等高线，如图 2-12 所示。

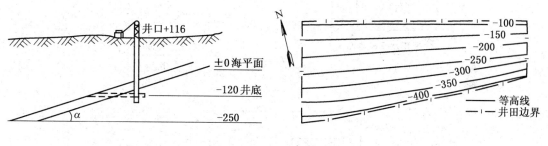

图 2-11 标高示意图

图 2-12 煤层底板等高线图

二、矿图绘制的基本原理

矿图实际上是反映矿区范围内地物、地貌以及井下巷道、地质构造和煤层空间赋存状态的图纸。矿图一般都是根据标高投影的原理绘制的，矿井的井筒、钻孔、测量的控制点等是根据点的标高投影原理而绘制的。巷道的中心、煤岩层面的交线等在局部可视为直线，煤层面、断层面等在局部可视为平面，因此，绘制和识读的基础就是要掌握点、直线、平面的标高投影的基本方法以及它们之间的相互位置关系。

三、视图

视图就是用正投影法绘制出物体的图形。用正投影法在一个投影面上得到的视图只能反映物体一个方向的形状，不能完整反映物体的形状。因此，要表示物体完整的形状，就必须从几个方向进行投影，画出几个视图，通常用 3 个视图表示，即主视图、俯视图、左视图。

立体图：能够同时表示出物体的长、宽、高 3 个方面形状和特点的图形叫立体图，如图 2-13 所示。

三视图：根据物体的正投影绘出的图形叫视图，物体有长、宽、高 3 个方面的形状和尺寸，如分别从物体的 3 个方面作它的正投影，就可以获得物体 3 个方面的真实形状和尺寸的视图。把 3 个视图结合起来看，就

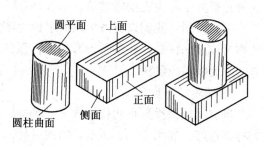

图 2-13 立体图示意

可以得到物体完整的形状和大小，这3个视图就是物体的三视图，图2-14c为木棚的三视图。

投影图：利用投影的方法，把形体投射到两个或两个以上互相垂直的投影面上，再将投影面展成一个平面，即得到投影图，如图2-14a、图2-14b所示。

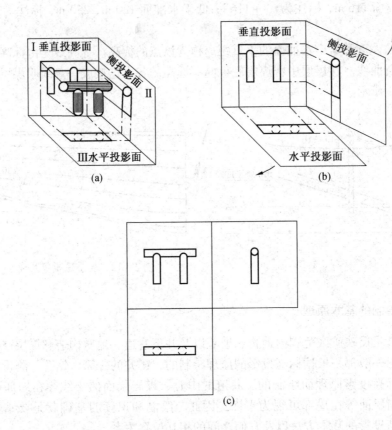

图2-14　木棚的投影图、三视图

（一）矿图投影基本原理

矿图采用正投影和标高投影两种方法。

正投影：将物体放在3个互相垂直的投影面之间，分别用工程测量的基本要素（1组平行投射线垂直于3个投影面），就得到反映物体全部形状和大小的3个方向的正投影图，这种投影方法称为正投影方法。

标高投影：我国以黄海平均海平面为零点高程，空间一点与黄海平均海平面的垂直距离称为该点的标高。在水平投影图上，在各投影点位置的旁边标注各点的标高数值，这种方法称为标高投影法。

1. 点的标高投影

自空间的被投影点向投影面（水平面）作垂线并在垂足处注明点的标高，即得该点的标高投影，如图2-15所示。由此可见，点在投影面上的位置仅由其平面直角坐标（x，y）决定，高程位置只能通过注记在旁边的标高数值来区分。

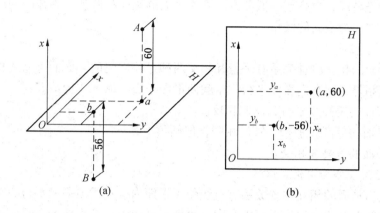

图 2 – 15 点的标高投影

2. 直线的标高投影

1) 直线的标高投影表示方法

直线的标高投影可以用直线上两点的标高投影的连线表示，也可用直线上一点与标明该直线倾角（或斜率）的射线表示。

2) 直线的要素及其相互关系

直线的实际长度称为直线的实长，直线在水平面上投影的长度称为直线的水平长度，也称平距；直线与其在水平面上投影线的夹角称为直线的倾角；直线两端点的高程差称为直线的高差；直线的高差与其平距之比称为直线的斜率。

3) 空间两直线的相互位置

空间两直线的相互位置关系有平行、相交和交错 3 种。若空间两直线的标高投影彼此平行且倾斜方向一致，倾角相等，则空间两条直线彼此平行；若空间两直线的标高投影相交且交点的标高相同，则空间两直线相交；若空间两直线既不平行又不相交，则必交错。交错有以下 3 种情况：

（1）投影相交，交点的标高有两个。

（2）投影平行且倾向相同，但倾角不等。

（3）投影平行，倾向相反。

3. 平面的标高投影

1) 平面标高投影的表示方法

平面的标高投影是以平面上的两条等高线在水平面上的投影来表示的。

2) 平面的三要素

平面的走向、倾向和倾角统称为平面的三要素。平面的三要素表示了平面的空间状态。

等高线的延伸方向称为平面的走向；倾斜平面内垂直于等高线由高指向低的直线称为平面的倾斜线，倾斜线在水平面上的投影称为平面的倾向线，倾向线的方向称为平面的倾向；倾向线与倾斜线间的夹角称为平面的倾角。

运用标高投影表示平面也能反映出平面的三要素。等高线的箭头所指方向即为平面的走向；垂直于等高线，由高指向低的方向即为平面的倾向；两条等高线间的高差与对应平距之比的反正切即为平面的倾角。

4. 空间两平面的相互位置

空间两平面的相互位置关系有平行和相交两种。若空间两半面的等高线相互平行、倾向相同、倾角相等，则它们彼此平行。空间两平面相交有以下 3 种情况：

（1）两平面的等高线平行，倾向相反。

（2）两平面的等高线平行，倾向相同，但倾角不等。

（3）两平面的等高线相交。

5. 空间直线与平面的相互位置

空间直线与平面的相互位置关系有直线位于平面内、直线与平面平行、直线与平面相交 3 种。若直线上有两点位于平面内，则直线位于平面内；若直线不在平面内，但与平面内的某条直线平行，则直线与平面平行；若直线既不在平面内又不与平面平行，则直线与平面相交。直线与平面相交时，其交点可沿直线方向作垂直剖面求出。

（二）矿图坐标和坐标网格

矿图坐标：矿图常用平面直角坐标表示点的相对位置，x 轴与地球子午线方向一致，表示南北方向，指北为正，指南为负；y 轴表示东西方向，指东为正，指西为负。

矿图坐标网格：在水平投影图上画出与坐标轴平行的方格网线，称为坐标网格，一般网格之间的距离为 10 cm。

（三）矿图的符号

在矿图上，地面上的地物、地貌，井下的各种巷道、硐室，矿床埋藏状况、岩石性质及各种地质构造等都是以其相似的几何图形或统一规定的符号表示的。识读、绘制和应用矿图，必须了解有关矿图符号的知识，熟悉那些统一规定的矿图符号。部分矿图图例如图 2-16 所示。

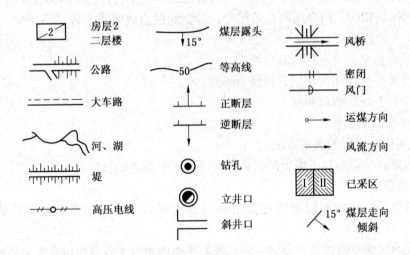

图 2-16 部分矿图图例

（四）采煤工作面常用矿图

1. 采煤工作面布置图

采煤工作面布置图是综合反映采煤工作面回采、支护及采煤设备布置的回采工艺图纸，如图 2 – 17 所示。

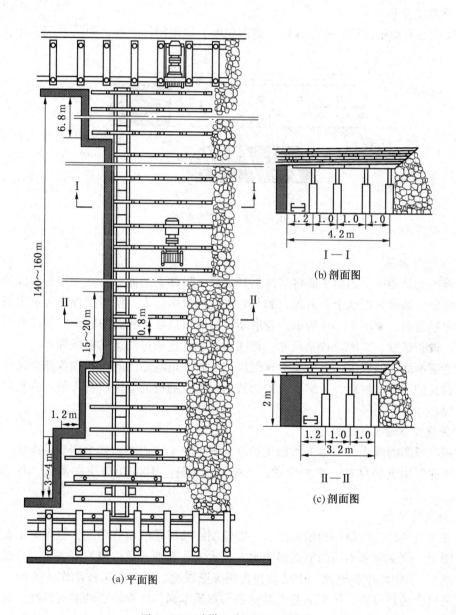

图 2 – 17 采煤工作面平面示意图

主要反映的内容有：

（1）煤层产状、厚度、构造以及煤层顶、底板情况。

（2）回采工作面主要参数，包括工作面长度、循环进度、最大及最小控顶距和放顶距。

（3）工作面支护，包括支架类型、种类及布置方式、柱距、排距、工作面上、下端头支护。

（4）采煤及工作面输送机械设备的型号以及其在工作面布置的位置关系、工作方式。

2. 炮眼布置图

主要内容有炮眼排数、炮眼深度、炮眼角度、炮眼间排距等，如图 2－18 所示。

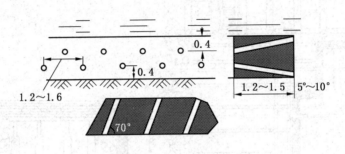

图 2－18　炮眼布置图

3. 巷道断面图

断面图就是用一个剖切平面将形体剖开之后，形体上的截口，截交线所围成的平面图形称为断面。如果只把这个断面投射到与它平行的投影面上，所得的投影表示出断面的实形，称为断面图，如图 2－19 所示。巷道断面图应包括巷道断面的形状、各部分尺寸、支护类型、设备布置、水沟位置及尺寸、管线布置、巷道通过的运输机械等。

对巷道断面图的识读，首先要看比例尺，了解巷道断面图的形状和各部分尺寸，其次看巷道的支护类型、材料，了解巷道内布置的设备及通过的运输设备，最后看水沟、管线布置情况。

4. 采煤工作面支护示意图

按照三视图的画法，采煤工作面支护示意图由一个平面图和数个剖面图组成。图中应画出工作面所用支护材料、支护形式、支架的排间距、柱间距等支护参数，如图 2－20 所示。

5. 避灾路线图

矿井的避灾路线图是一种示意图，一般绘制在通风系统示意图上，也可标示在采掘工程平面图上。用文字和不同的箭线标明水灾、火灾、瓦斯、煤尘爆炸等灾害一旦发生时的行动路线。"工作面作业规程"中必须包含避灾路线图，贯彻"工作面作业规程"时，由技术人员负责讲解说明，每个下井人员都必须熟悉本岗位作业地点的避灾路线。每个工人在转移到新的作业地点前，必须首先熟悉避灾路线。

四、采掘工程平面图的识读

反映采掘工程、地质和测量信息的综合性水平面投影图称为采掘工程平面图，它也是矿图的一种。图 2－21 为采掘工程立体图及投影图，它表示巷道和煤岩层及一个采区的采掘工程。

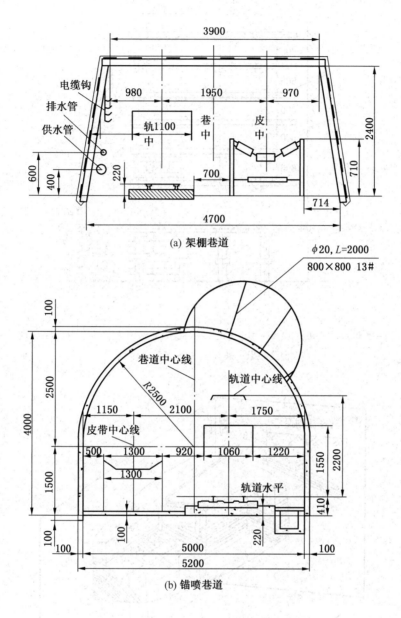

图 2 - 19 巷道断面图

如果将采掘工程的形状和尺寸投影到水平面，就是采掘工程平面图，如图 2 - 22 所示。

采掘工程平面图分为设计图和测量图。设计图主要用于对采掘工程的规划和设计，测量图主要用于指挥实际生产，必须随测随绘，反映采掘工程的现状。

识读采掘工程平面图，要求明确两个方面的问题：一是煤层的产状要素和主要地质构造情况，二是井下各种巷道的空间位置关系。

采掘工程平面图读图顺序：

（1）图名、坐标、方位和比例尺。

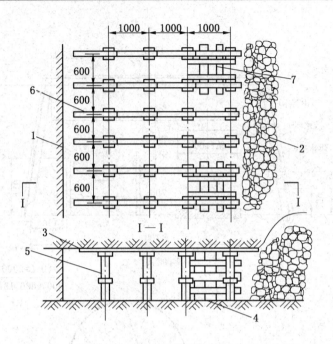

1—工作面；2—采空区；3—工作面顶板；4—底板；5—支柱；6—顶梁；7—木垛

图 2-20 采煤工作面支护示意图

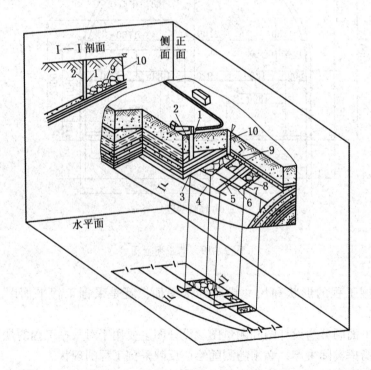

1—主井；2—副井；3—井底车场；4—运输大巷；5—上山；6—进风巷
7—采煤工作面；8—回风巷；9—采空区；10—回风井

图 2-21 采掘工程立体图及投影图

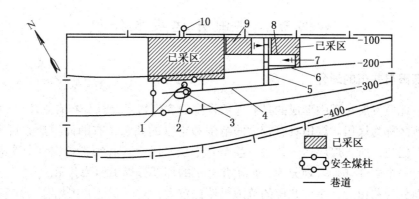

1—主井；2—副井；3—井底车场；4—运输大巷；5—上山；6—进风巷
7—采煤工作面；8—回风巷；9—采空区；10—回风井

图 2-22 采掘工程平面图

（2）井田范围和井田边界。

（3）根据煤层顶板等高线及有关地质符号，明确煤层的产状要素以及主要地质构造等。

煤层的产状要素和地质构造的识读主要是通过煤层底板等高线和有关矿图符号识别的。煤层的走向即煤层底板等高线的延伸方向；煤层的倾向是垂直于煤层底板等高线由高指向低的方向；煤层的倾角则需要通过计算煤层底板等高线的等高距和等高线平距之比的反正切来求取。煤层的地质构造则需要通过煤层底板等高线结合有关矿图符号一起识读。

（4）识别各种巷道间相互关系及采掘情况。

① 竖直巷道、水平巷道和倾斜巷道的辨别。在采掘工程平面图上竖直巷道是用专门符号表示的，这是区分它们与钻孔符号间差异的关键，钻孔符号一般是孤立的，而竖直巷道都是与其他巷道连通的。另外，还可利用注记的巷道名称进行区分。水平巷道和倾斜巷道主要通过巷道内导线点的标高辨别，也可利用巷道名称辨别。

② 煤巷和岩巷的辨别。煤巷和岩巷的辨别主要通过巷道处煤层底板等高线的标高与巷道内导线点的标高间的关系区分，若两者标高相近，则为煤巷，否则为岩巷；也可通过巷道名称区分一部分煤巷和岩巷。

③ 巷道相交、相错或重叠的辨别。巷道相交和相错主要通过两条巷道内导线点标高间的关系加以区分。重叠巷道是指两条标高不同的巷道位于同一竖直面内。此时，在采掘工程平面图上，它们是重叠在一起的，但通过巷道内导线点的标高可区分出上部巷道和下部巷道。另外，上部巷道是用实线绘出的，下部巷道则是用虚线绘制的。

根据各种巷道间的相互关系，了解采区巷道布置、各生产系统、采煤方法、工作面布置等情况。

④ 平面图与剖面图对照识读。有些矿井的巷道平面图较为复杂，不易看清各巷道的位置关系，可以将平面图与有关剖面图对照识读，在平面图上找出剖面线位置，然后对照相应的剖面图识读，就很容易明确巷道的空间位置。

第四节　井田开拓基本知识

一、煤田与井田的划分

在同一地质发展过程中形成的具有连续发育的含煤岩系，其分布有规律可循，基本连成一片的地区称为煤田。煤田具有较大的范围和丰富的储量，有的面积达数百平方公里，储量达数百亿吨，所含煤层达十几层，甚至几十层。因此，必须把煤田划分为若干部分，每一部分由一个矿井开采。划分为一个矿井开采的那部分煤田称为井田。

煤田划分为井田后，每个井田的范围仍然比较大，还需要把井田划分为许多更小的部分，以便有计划地按照一定顺序开采。

（一）井田划分为阶段和水平

在井田范围内，沿煤层倾斜方向，按预定标高将井田划分为若干平行于走向的并等于井田走向全长的长条形部分，每一个长条形部分称为一个阶段，如图 2 – 23 所示。

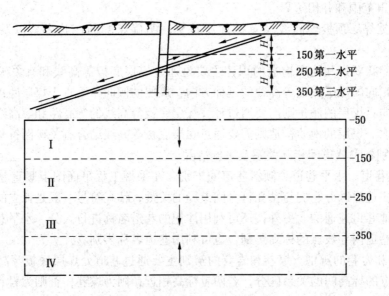

I、II、III、IV—阶段；H—水平高度

图 2 – 23　井田划分为阶段及水平

阶段范围：沿煤层的倾斜方向，上部边界是阶段回风巷，下部为阶段运输巷，沿走向的两侧是井田边界。

阶段回风巷所在的水平面位置称为回风水平，阶段运输平巷所在的水平面位置称为运输水平。实际工作中往往把设有井底车场的运输水平以及为其服务的开采范围称为开采水平，简称水平。整个矿井只有一个水平的称为单水平开拓，有两个以上开采水平的称为多水平开拓。

为了安全生产，《煤矿安全规程》规定，井下每一个水平到上一个水平和各个采（盘）区都必须至少有 2 个便于行人的安全出口，并与通达地面的安全出口相连。未建成

2 个安全出口的水平或者采（盘）区严禁回采。

（二）阶段的再划分

井田划分为阶段，而阶段的范围还是很大的，仍不能直接进行回采，必须再进行划分，以适应开采。

1. 阶段的分区式划分

阶段的分区式划分就是在阶段范围内，沿走向把阶段划分为若干个具有独立生产系统的块，每一块叫一个采区。在图 2-24 中，井田沿倾斜划分为 3 个阶段，每个阶段又沿走向划分为 4 个采区。阶段内的开采工作是按采区依次进行的。每个采区的倾斜长度等于阶段斜长，采区的走向长度根据回采工艺和井田范围大小的不同以及地质条件不同，一般为 400~2000 m。随着采煤生产技术的发展，特别是综合机械化采煤技术朝着大型化方向发展，可适用于采区或盘区走向长度达到 5000 m 以上、工作面可采储量达 1000 万 t 以上的开采条件。

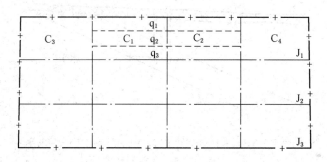

J_1、J_2、J_3—一、二、三阶段；C_1、C_2、C_3、C_4—一、二、三、四采区；q_1、q_2、q_3—一、二、三区段

图 2-24 阶段内的划分

采区沿倾斜一般还要划分为区段，每一区段上下都设置区段平巷并且用采区上（下）山把区段平巷与阶段运输巷道和回风巷道连接起来，构成畅通的运输、通风系统，以便进行回采。

根据采区上（下）山沿采区走向位置的不同，采区可分为两种形式：当采区上（下）山位于采区走向的中部时，这种采区称为双面采区；当采区上（下）山位于采区走向的一侧时，则称为单面采区。

当阶段斜长度不大或地质条件简单时，阶段内可不再划分采区，而沿煤层的倾斜方向划分成若干个可布置一个采煤工作面的长条部分，称为分段。分段内采煤工作面沿走向布置，由井田中央向井田边界推进，或者由井田边界向井田中央推进。

2. 阶段的带区式划分

如果在阶段内不再划分采区，而沿煤层走向划分成若干个可布置一个采煤工作面的倾斜长条部分，称为条带。采煤工作面可沿煤层倾斜方向连续推进，也就是由阶段的下部边界向阶段上部边界或者由阶段上部边界向阶段下部边界连续推进。

二、矿井的开拓方式

煤田划分成井田后，井田的范围一般是很大的，走向长度可达数千米到上万米；倾斜长度也可达数千米。对这样大范围的井田，在目前的技术条件下，必须再划分成适于开采的较小部分，有计划、按顺序地进行回采，达到技术上和经济上都比较合理的要求。由地表进入煤层为开采水平服务所进行的井巷布置和开掘工程称为井田开拓。

开拓巷道如井筒、井底车场、主要石门、运输大巷和回风大巷（或总回风道）、主要风井在井田内的总体布置方式称为矿井开拓方式。由于井田范围、储量、煤层的数目、倾角、厚度以及地质、地形等条件不同，进入煤体的方式也不同。一般根据井筒形式划分开拓方式，可分为立井开拓、斜井开拓、平硐开拓和综合开拓4类。

（一）立井开拓

当井田的冲积层较厚，有时含有流砂层，地质和水文地质条件比较复杂或煤层埋藏较深时，一般采用立井开拓，如图2-25所示。由于开采水平设置不同，立井开拓有多种方案。

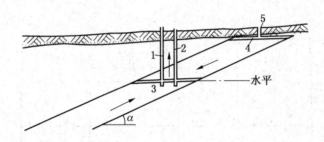

1—主井；2—副井；3—运输石门；4—回风石门；5—回风井

图2-25　立井开拓

1. 立井单水平上、下山开拓

井田采用立井开拓，沿倾斜划分两个阶段，在两个阶段之间设置一个开采水平，为整个井田的两个阶段服务，水平以上的阶段称为上山阶段，水平以下的阶段称为下山阶段。开拓程序如下：在井田中央，平行间隔30～40 m向下开掘主、副立井，到达设计深度的水平时，开掘井底车场、运输大巷，运输大巷掘进超过中央采区上山口50～100 m后，从运输大巷向上开掘采区运输上山和轨道上山，直到井田的上部边界与回风大巷或风井贯通，构成通风系统，即可开掘其他巷道准备采煤工作面。

在井底车场的水平面上，除运输大巷外，还有为生产服务的各种硐室和联络各煤层的石门。它们担负着整个矿井的运输、提升、通风、排水、动力和材料供应、指挥调度等任务，是井下的生产中心。

这种开拓方式多用在煤层倾角较小或近水平煤层中。当煤层倾角较大时，要用多水平开拓。

2. 立井多水平分区开拓

当井田范围比较大，煤层倾角较小时，可以沿井田倾斜方向划分为多个阶段，设置两个以上开采水平，采用立井多水平分区式上下山开拓。当煤层的倾角比较大时，如在倾斜和急倾斜煤层中，下山阶段的通风和煤炭向上运输比较困难，可采用多水平上山进行开采，从而避免下山采煤。

1）井巷开掘程序

在井田走向中央，平行间隔 30～40 m 向下开掘主、副立井。主井用于提煤，副井用于提升矸石、运料和运送人员，同时兼作进风井。主、副井掘至第一开采水平标高后开掘井底车场，然后向井田两翼开掘阶段运输大巷。阶段运输大巷开在岩层中，不仅有利于大巷的维护，也可不留护巷煤柱，提高资源回采率。

除上述开拓巷道外，还要开掘回风井。当回风井掘至回风水平标高后，沿底板岩层向井田两翼开掘回风大巷，然后掘进采区回风石门进入煤层。

当阶段运输大巷掘过第一个采区的上山开口位置后，开掘石门进入煤层，然后开掘第一个采区的准备巷道和回采巷道。

采区的准备巷道主要有输送机上山、轨道上山和采区煤仓等。两条上山在采区中央由下向上沿煤层掘进，如果在煤层中维护上山困难，也可把上山开掘在底板岩层中，如图 2-26 所示。

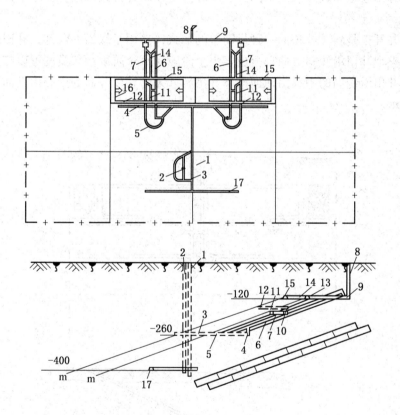

1—主井；2—副井；3—井底车场及石门；4——260 m 运输大巷；5—采区下部车场；6—采区运输上山；
7—采区轨道上山；8—边界风井；9—总回风巷；10—区段集中运输平巷；11—区段集中运输石门；
12—区段运输平巷；13—区段回风联络巷；14—区段回风石门；15—区段回风平巷；
16—采煤工作面；17——400 m 运输大巷

图 2-26 立井多水平上山式开拓示意图

回采巷道有区段运输平巷（刮板输送机道）、区段回风平巷（材料道）和开切眼。开掘顺序为先从上山向采区两翼分别掘区段运输平巷和区段回风平巷至采区边界，然后由运输平巷沿煤层倾斜向上掘开切眼。

2）生产系统

回采工作面采出的煤经区段运输平巷、输送机上山（皮带上山）运至采区煤仓，再由输送机运至主井煤仓，由主井提至地面。

材料和设备由副井下放到井底车场，经水平运输大巷、轨道上山和材料道运至工作面。

采区内的运煤设备主要有：回采工作面采用刮板输送机；输送机道采用带式输送机或刮板输送机；材料道采用小绞车，或无极绳绞车，或胶轮车运输；轨道上山采用液压绞车等运输；水平运输大巷，一般采用电机车和矿车运输或安设带式输送机运输。

（二）斜井开拓

主、副井均为斜井的开拓方式，称斜井开拓。斜井开拓是一种常用的开拓方式。根据井筒位置及开拓巷道布置方式的不同，主要分为片盘斜井开拓和斜井多水平分区式开拓。

1. 片盘斜井开拓

片盘斜井开拓是斜井开拓的一种最简单的形式，多用于煤田的浅部，井田的范围比较小。它是将整个井田沿倾斜方向划分成若干个阶段，每个阶段倾斜宽度可以布置一个采煤工作面。在井田沿走向的中央由地面向下开凿斜井井筒并以井筒为中心由上而下开采，如图 2 - 27 所示。

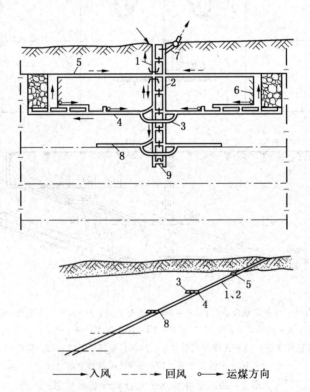

1—主斜井；2—副斜井；3—车场；4、8—运输平巷；5—回风平巷；6—工作面；7—风井；9—水仓

图 2 - 27　斜井开拓

这种开拓系统的布置特点是系统简单，建井工程量小；投产快，投资少；每一片盘服务年限短，需要经常进行井筒延深工作；在遇到地质条件发生变化时，难以保证正常生产。因此在煤田浅部地质构造简单时，可采用这种方式。

2. 斜井多水平分区式开拓

在埋藏深度不大的缓倾斜煤层中，用斜井多水平分区式开拓井田的方式。这种开拓方式将井田划分为几个阶段，每个阶段有若干个采区。井巷的开掘方式为在井田走向中央，从地面沿底板岩层开凿一对斜井通入地下。两井筒之间的距离一般为 30～50 m。当主、副井开掘到第一开采水平标高后开掘井底车场、运输大巷、采区上山、回采巷道等。开掘方式和生产系统与立井多水平开拓基本一致，最大的区别在于主、副井的运输方式不同。副斜井内用绞车和矿车运输材料和矸石，主斜井的提升设备种类较多，主要有绞车、无极绳绞车、钢丝绳带式输送机、箕斗等。

（三）平硐开拓

在山岭和丘陵地区，往往在矿井地面工业广场标高以上埋藏有相当储量的煤炭。开采这部分煤炭最简单、最经济的开拓方式就是平硐开拓，如图 2-28 所示。

平硐就是水平的岩石巷道，因为它通达地面又为矿井服务，所以叫平硐。利用平硐开拓时，在阶段内的巷道布置与立井开拓时是一样的。

平硐一般位于煤层的底板或顶板并且交叉煤层的走向开掘，有时也可沿煤层开掘，主要取决于煤层的赋存条件和地形条件。

（四）综合开拓

在某些条件下，为了充分利用地形或考虑煤层埋藏深浅等特点，避免大量提前投资以及单纯用一种开拓方式在技术上和经济上不合理时，主、副井可采用不同的井筒开拓形式，称为综合开拓。如平硐—斜井、平硐—立井、立井—斜井等，如图 2-29 所示就是立井—斜井综合开拓。

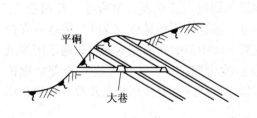

图 2-28　平硐开拓

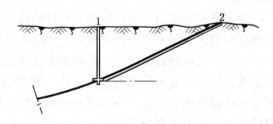

1—主立井；2—副斜井

图 2-29　立井—斜井综合开拓

总之，开拓方式的选择应综合考虑多方面因素，因地制宜，最大限度地考虑地质、设备、人员、开采技术、效益等方面的因素，合理开发利用煤炭资源，提高经济效益。

三、井筒及井型种类

井筒是从地表开掘进入地下的工程，通常作运输煤炭的主井、辅助运输（运输人员、材料、设备、矸石等）的副井或通风井使用。按井筒的形式将井型分为立井、斜井和平硐。

按矿井的生产能力（万 t/a）划分为以下 3 种井型：

（1）大型矿井：120 万、150 万、180 万、240 万、300 万、400 万、500 万 t/a 及 500 万 t/a 以上的矿井。其中 300 万 t/a 及其以上称为特大型矿井。

（2）中型矿井：45 万、60 万、90 万 t/a。

（3）小型矿井：9 万、15 万、21 万、30 万 t/a。

四、巷道掘进

井巷工程包括井筒、井底车场及硐室、主要石门、运输大巷、采区巷道及回风巷道等全部工程。这些工程中有些工程构成连锁工程项目，也可称为矿井建设关键线路或主要矛盾线，这些项目决定矿井建设最短工期，只能按顺序施工的路线。该线路上的各单位工程统称关键工程，其中包括井筒、井底车场重车线、主要石门、运输大巷、采区车场、采区上山、风井等。

矿井巷道的开掘顺序：首先自地面开凿主井、副井，进入地下；当开凿到第一阶段下部边界开采水平标高时，即开凿井底车场、主要运输石门，然后向井田两翼掘进开采水平阶段运输大巷；到达采区运输石门位置后，由运输大巷开掘采区运输石门通达煤层；到达预定位置后，开掘采区下部车场底板绕道，采区下部材料车场。然后，沿煤层自下而上掘进采区运输上山和轨道上山。与此同时自风井、回风石门开掘回风大巷；向煤层开掘采区回风石门、采区上部车场、绞车房，与采区运输上山及轨道上山连通。当形成通风回路后，即可自采区上山向采区两翼掘进第一区段的区段运输平巷、区段回风平巷、下区段回风平巷，当这些巷道掘到采区边界后，即可掘进工作面开切眼，形成采煤工作面。

五、巷道的种类及用途

为了开采煤炭，从地面向地下开掘的各类通道和硐室（变电所、泵房等）都叫巷道。开掘这些通道和硐室所采用的作业方法叫巷道掘进。掘进有爆破落煤（岩）、装运、支护三大工序，也叫爆破掘进法。随着掘进技术的发展，大中型矿井的煤巷掘进普遍采用掘进机破煤，甚至岩巷也采用掘进机破岩，称为综合机械化掘进法，运煤（岩）全部由掘进机和带式输送机来完成。为方便理解和记忆，根据巷道空间位置和形状以及服务范围和用途的不同，有以下划分方法。

（一）按空间位置和形状划分（图 2-30）

（1）垂直巷道，包括立井、暗立井、溜井。

（2）倾斜巷道，包括斜井、暗斜井、上山、下山。

（3）水平巷道，包括平硐、石门、煤门、平巷。

立井，又称竖井，为直接与地面相通的直立巷道。专门或主要用于提升煤炭的称为主井；主要用于提升矸石、下放设备器材、升降人员等辅助提升工作的称为副井。

暗立井，又称盲竖井、盲立井，为不与地面直接相通的直立巷道，其用途同立井。此外，还有一种专门用来溜放煤炭的暗立井，称为溜井。位于采区内部，高度不大、直径较小的溜井称为溜煤眼。

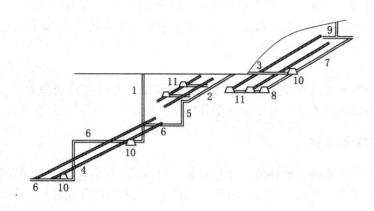

1—立井；2—斜井；3—平硐；4—暗立井；5—溜井；6—石门；7—上山；
8—下山；9—风井；10—岩石平巷；11—煤层平巷

图 2-30 井田巷道分类示意图

平硐，为直接与地面相通的水平巷道。它的作用类似立井，有主平硐、副平硐、排水平硐和通风平硐等。

平巷与大巷是与地面不直接相通的水平巷道，其长轴方向与煤层走向大致平行。平巷布置在煤层内的称为煤层平巷，布置在岩层中的称为岩石平巷。为开采水平服务的平巷常称为大巷，如运输大巷。直接为采煤工作面服务的煤层平巷称为运输或回风平巷。

石门与煤门是与地面不直接相通的水平巷道。长轴线与煤层直交或斜交的岩石平巷称为石门，为开采水平服务的石门称主要石门，为采区服务的石门称采区石门；在厚煤层内，与煤层走向直交或斜交的水平巷道称为煤门。

斜井为与地面直接相通的倾斜巷道，其作用与立井和平硐相同。不与地面直接相通的斜井称为暗斜井或盲斜井，其作用与暗立井相同。

斜巷为不直通地面且长度短的倾斜巷道，用于行人、通风、运料等，此外，溜煤眼和联络巷有时也是倾斜巷道。长度较长的斜巷称为上山，如轨道上（下）山、回风上（下）山、运输上（下）山等。

硐室为巷道在空间 3 个轴线长度相差不大且又不直通地面的地下巷道，如绞车房、变电所、煤仓、水仓等。

（二）按服务范围及其用途划分

（1）开拓巷道。开拓巷道的作用在于形成新的开采水平，或在矿井原有的阶段基础上继续开拓新的阶段，为构成完整的矿井生产系统奠定基础。它是为全矿井或一个开采水平服务的巷道。如井筒（或平硐）、井底车场、主要石门、运输大巷和回风大巷（或总回风道）、主要风井等巷道。开拓巷道是从地面到采区的通路，这些通路在较长的时期内为全矿井或阶段服务，服务年限一般在 10～30 年。

（2）准备巷道。准备巷道的作用在于准备新的采区，以便构成采区的生产系统。它是为一个采区或数个区段服务的巷道，如采区车场、采区煤仓、采区上（下）山、区段集中平巷、区段集中石门等巷道。准备巷道是在采区范围内从一开拓好的开拓巷道起到达区段的通路。这些通路在一定时期内为全采区服务，服务年限一般在 3～5 年。

（3）回采巷道。回采巷道的作用在于切割出新的采煤工作面并进行生产。它是为一个采煤工作面服务的巷道，如区段车场、区段运输和回风平巷、工作面开切眼等巷道。回采巷道服务年限较短，一般在 0.5~1.0 年，与工作面采用的回采工艺和工作面走向长度有关。

从以上划分方法可以看出，开拓、准备、回采是矿井生产建设中紧密相关的 3 个程序，解决好三者之间的关系，对于保证矿井持续、稳定生产具有重要意义。

六、巷道的断面形状

巷道断面形状主要由围岩性质、井巷服务年限和支护材料决定。我国煤矿井下采用的巷道断面形状有梯形、拱形、矩形、圆形（椭圆形）、不规则形几种，如图 2-31 所示。

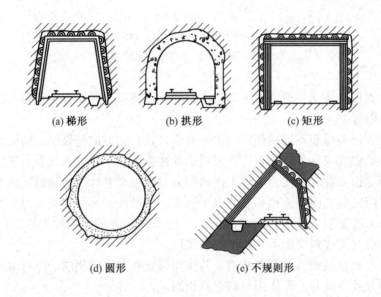

(a) 梯形　　(b) 拱形　　(c) 矩形

(d) 圆形　　　　(e) 不规则形

图 2-31　井巷断面形状

虽然巷道断面越小稳定性相对越好，但最终确定巷道断面合理大小时，要兼顾施工技术、巷道的用途和断面利用率。煤矿中巷道的净断面应满足行人、运输、通风要求，满足设备安装、检修以及施工的需要。设计巷道断面尺寸应首先确定巷道的净断面尺寸并进行风速和优化验算。最后，根据支架参数、道床参数计算出巷道的设计掘进断面尺寸并按允许加大值（超控值）计算出巷道的掘进断面尺寸。对于软岩巷道，深厚表土层以及受采动影响的井筒，其断面形状与尺寸要经计算、研究后确定。

七、巷道支护方式

井巷支护的目的是为了防止围岩破坏巷道，因此，一般巷道掘进出空间后，都要进行临时支护或永久支护。巷道支护方式按使用的支护材料分为坑木支护、金属支架支护、混凝土或料石砌碹、锚喷支护、锚网（索）支护等形式，如图 2-32 所示。

坑木支护是矿井采用最早且曾被广泛应用的一种支护方式，由于它存在易腐朽、强度低、易自燃等缺点，逐渐被金属支架、混凝土支架、锚杆及锚喷支护取代。在服务年限

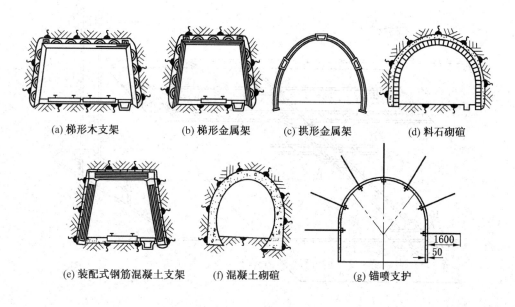

(a) 梯形木支架　　(b) 梯形金属架　　(c) 拱形金属架　　(d) 料石砌碹

(e) 装配式钢筋混凝土支架　　(f) 混凝土砌碹　　(g) 锚喷支护

图 2 - 32　巷道支护方式

长、矿压较大的巷道内多采用锚喷支护或砌碹，由于砌碹劳动强度高、施工复杂、难度大等原因，现在很少使用。现在大中型矿井主要使用锚（喷）杆支护或锚网（索）支护，以上支护方式具有施工简单、施工速度快、主动支护等优点。

第五节　矿井生产系统

一、矿井生产系统

为全矿井、一个水平或若干个采区服务的巷道称开拓巷道，由这些巷道构成的生产系统称为矿井生产系统，如图 2 - 33 所示。矿井生产系统由于地质条件、井型大小和设备的不同而各有特点。

二、矿井生产系统主要环节

1. 运煤系统

从采煤工作面 25 回采的煤炭，经区段运输平巷 20、采区运输上山 14 到采区煤仓 12，在采区下部车场底板绕道 10 内装车，经开采水平运输大巷 5、主要运输石门 4，运到井底车场 3，由主井 1 提升到地面。

2. 通风系统

新鲜风流从地面经副井 2 进入井下，经井底车场 3、主要运输石门 4、运输大巷 5、采区下部材料车场 11、采区轨道上山 15、采区中部车场 19，区段运输平巷 20 进入采煤工作面 25。清洗工作面后，污风经区段回风平巷 23、采区回风石门 17、回风大巷 8、回风石门 7、从风井 6 排入大气。

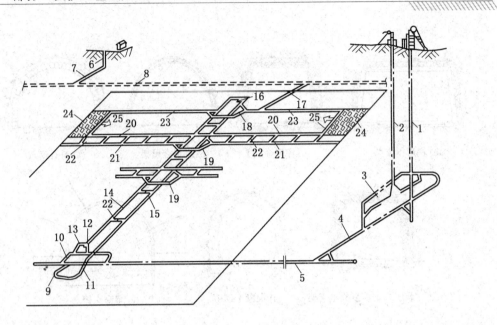

1—主井；2—副井；3—井底车场；4—主要运输石门；5—运输大巷；6—风井；7—回风石门；8—回风大巷；
9—采区运输石门；10—采区下部车场底板绕道；11—采区下部材料车场；12—采区煤仓；13—行人进风巷；
14—采区运输上山；15—采区轨道上山；16—上山绞车房；17—采区回风石门；18—采区上部车场；
19—采区中部车场；20—区段运输平巷；21—下区段回风平巷；22—联络巷；
23—区段回风平巷；24—开切眼；25—采煤工作面

图 2-33 矿井生产系统示意图

3. 运料排矸系统

采煤工作面所需材料和设备用矿车由副井 2 下放到井底车场 3，经主要运输石门 4、运输大巷 5、采区运输石门 9、采区下部材料车场 11、由采区轨道上山 15 提升到区段回风平巷 23，再运到采煤工作面 25。采煤工作面回收的材料、设备和掘进工作面运出的矸石用矿车经由与运料系统相反的方向运至地面。

4. 排水系统

排水系统一般与进风风流方向相反，由采煤工作面，经由区段运输平巷、采区上山、采区下部车场、开采水平运输大巷、主要运输石门等巷道一侧的水沟，自流到井底车场水仓，再由水泵房的排水泵通过副井的排水管道排至地面。工作面区段运输平巷的水也可自流至低洼处集中后，采用水泵经管道排到采区上山，自流到井底车场水仓，排水泵排至地面。

三、单一走向长壁采煤法及生产系统

（一）单一走向长壁采煤法

单一走向长壁采煤法也称整层走向长壁采煤法，特点是回采工作面沿煤层倾斜方向布置，沿走向方向推进；工作面长度较长，一般为 150 m 左右，短的有 30～40 m，长的超过 200 m，这要根据矿井井型大小、工作面装备水平及采区地质条件而定。在回采工作面的上方和下方沿走向分别布置回风平巷和运输平巷，形成回采工作面和采区巷道之间的通风、运输和行人的通道。通常在回风平巷内铺设轨道，用矿车或平板车运送材料和设备；运输平巷内用带式输送机、刮板输送机或矿车运送煤炭。回风平巷和运输平巷采用单巷布置，也有采用双巷布置的。回采工作面的推进方向有以下两种：

（1）后退式，由采区边界向采区上山（或石门）推进。

（2）前进式，由采区上山（或石门）向采区边界推进。我国各矿区大都采用后退式回采，如图 2-34 所示。

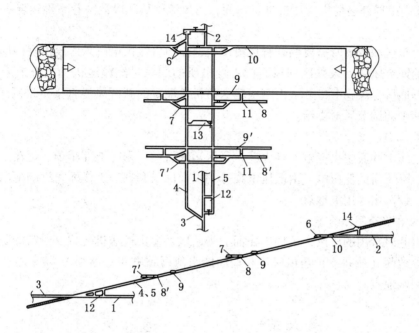

1—采区运输石门；2—采区回风石门；3—采区下部车场；4—轨道上山；5—运输上山；
6—采区上部车场绕道；7、7′—采区中部车场；8、8′、10—区段回风巷；9、9′—区段
运输巷；11—联络巷；12—采区煤仓；13—采区变电所；14—绞车房

图 2-34　单一煤层采区巷道布置示意图

（二）生产系统

1. 运煤系统

在运输上山和运输巷内均铺设刮板输送机或带式输送机。运煤路线：工作面运出的煤炭，经运输巷、运输上山到采区煤仓上口，通过采区煤仓在采区运输石门装车外运。最下一个区段工作面运出的煤，由区段运输巷至运输上山，在运输上山铺设一台短刮板输送机，向上运至煤仓上口。

2. 运料排矸系统

运料排矸采用矿车和平板车。物料自采区下部车场 3，经轨道上山到采区上部车场 6，然后经区段回风巷 10 送至采煤工作面。区段回风巷 8、8′和区段运输巷 9、9′所需的物料，自轨道上山 4 经采区中部车场 7、7′送入。

掘进巷道时出的煤和矸石，利用矿车从各平巷运出，经轨道上山运至下部车场。工作面顺槽和部分巷道掘进的煤也可用刮板输送机或带式输送机运到区段煤仓。

3. 通风系统

采煤工作面所需的新鲜风流，从采区运输石门进入，经下部车场、轨道上山、中部车场7，分成两翼经区段回风巷8、联络巷11、区段运输巷9到达工作面。从工作面出来的污风，经区段回风巷10、右翼直接进入采区回风石门，左翼需经采区上部车场绕道6进入采区回风石门。

掘进工作面所需的新鲜风流从轨道上山经采区中部车场7，分两翼送至区段回风巷8′。在平巷内由局部通风机送往掘进工作面，污风流则从区段运输巷9′经运输上山回到采区回风石门。

采区绞车房和变电所需要的新鲜风流由轨道上山直接供给。采区绞车房的回风是经联络小巷处的调节风窗回入采区回风石门；变电所的回风是经输送机上山进入采区回风石门；煤仓不通风，煤仓上口、上山刮板输送机机头硐室的新鲜风流直接由采区运输石门1通过联络巷中的调节风窗供给。

4. 供电系统

高压电缆由井底中央变电所经大巷、采区运输石门、采区下部车场、运输上山至采区变电所。经降压后的低压电，由低压电缆分别引向回采和掘进工作面附近的配电点以及上山输送机、绞车房等用电地点。

5. 压风和安全用水系统

掘进岩巷时所用的压风，采掘工作面、平巷以及上山输送机转载点所需的防尘喷雾用水，分别由地面（或井下）压风机房和地面储水池（或井下小水泵）以专用管路送至采区用风、用水地点。

第六节 矿 井 通 风

矿井通风是矿井安全生产的基本保障。矿井通风是指借助机械或自然风压，向井下各用风点连续输送适量的新鲜空气，供给人员呼吸，稀释并排出各种有害气体和浮尘，以降低环境温度和湿度，改善矿井中的气候条件并在发生灾害时能够根据撤人救灾的需要，调节和控制风流流动路线的作业，给救灾工作创作良好的作业条件。其目的和主要任务是保证矿井空气的质量符合作业人员安全生产的要求。

20世纪80年代以来，随着煤矿机械化水平的提高，采煤方法、巷道布置及支护方式的改革以及计算机技术的发展，我国矿井通风技术有了长足进步，通风管理日益规范化、制度化，通风新技术和新装备越来越多地投入应用。以低耗、高效、安全为准则的通风系统优化改造在许多煤矿得以实施，使其能够更好地为高产、高效、集约化生产提供安全保障。

一、矿井空气

来自地面的新鲜空气和井下产生的有害气体和浮尘的混合体称为矿井空气。

在一般或一定条件下，有损人体健康或危害作业安全的气体叫有害气体。有害气体包括有毒气体、可燃性气体和窒息性气体。可燃气体就是与空气混合后能够燃烧或爆炸的气体。窒息性气体就是使空气中氧的浓度下降，危害人体呼吸的气体。

矿井中产生的任何有害气体都能降低矿井空气中氧的浓度。当矿井空气中氧气的含量在20%以上时，最有利于人呼吸。氧气的浓度降低到19%时，人尚未感到不适。所以《煤矿安全规程》规定采掘工作面的进风流中，氧气浓度不低于20%。当氧气的浓度降低到17%时，从事紧张工作的人感到心跳加速和呼吸困难；降低到15%时，人体缺氧，呼吸与脉搏跳动急促，判断力减弱，失去了劳动能力；降到12%时，感到明显缺氧，失去理智，时间稍长有窒息死亡的危险；降低到9.5%时，半小时后人就失去知觉；降到6% ~ 9%时，几分钟后人的心脏尚能跳动，不进行急救就会窒息死亡。

(一) 地面空气的组成

地面空气是由于空气和水蒸气组成的混合气体，也称为湿空气。

干空气是指完全不含有水蒸气的空气，主要由氧气（O_2）、氮气（N_2）、二氧化碳（CO_2） 3 种气体组成。

按体积和质量计算，它们在空气中的占比如下：

气体成分	按体积计/%	按质量计/%
氧气（O_2）	20.9	23.14
氮气（N_2）	78.13	75.53
二氧化碳（CO_2）	0.03	0.05
氩和其他稀有气体	0.94	1.28

除上述气体外，地面空气还含有少数数量不固定的水蒸气、微量物、灰尘。

(二) 矿井空气的主要成分及基本性质

新鲜空气就是在用风地点以前、受污染程度较轻的进风巷道内的空气；污浊空气就是通过用风地点以后、受污染程度较重的回风巷道内的空气。

1. 氧气（O_2）

氧气是维持人体正常生理机能所需的气体，它是一种无色、无味、无臭、化学性质很活泼的气体，易使其他物质氧化，几乎可以与所有气体相结合，相对空气的密度为1.11，是人与动物呼吸和物质燃烧不可缺少的气体。

人体维持正常生命过程所需的氧气量取决于人的体质、精神状态和劳动强度等。

人体输氧量与劳动强度的关系：

劳动强度	呼吸空气量/（$L \cdot min^{-1}$）	氧气消耗量/（$L \cdot min^{-1}$）
休息	6 ~ 15	0.2 ~ 0.4
轻劳动	20 ~ 25	0.6 ~ 1.0
中度劳动	30 ~ 40	1.2 ~ 2.6
重劳动	40 ~ 60	1.8 ~ 2.4
极重劳动	40 ~ 80	2.5 ~ 3.1

当空气中的氧气浓度降低时，人体可能会产生不良的生理反应，出现种种不舒适的症状，严重时可能导致缺氧窒息死亡。

矿井空气中氧气浓度降低的主要原因有人员呼吸、煤岩和其他有机物的缓慢氧化、煤炭自燃、瓦斯、煤尘爆炸。此外，煤岩和生产过程中产生的各种有害气体，也使空气中的氧气浓度相对降低。

2. 二氧化碳（CO_2）

二氧化碳不助燃，易溶于水，也不能供人呼吸，是一种无色、略带酸臭味的气体。二氧化碳密度比空气大（对空气的相对密度为 1.52），在风速较小的巷道底板附近浓度较大；在风速较大的巷道中，一般能与空气均匀地混合。

矿井空气中二氧化碳的主要来源是煤和有机物的氧化、人员呼吸、碳酸性岩石分解、炸药爆破、煤炭自燃、瓦斯、煤尘爆炸等。

3. 氮气（N_2）

氮气是一种惰性气体，也是一种无色、无味、无臭的气体，相对空气密度为 0.97，不助燃，也不供人呼吸。但空气中含氮量升高势必造成氧含量相对降低，从而也可能造成作业人员的窒息性伤害。正因为氮气具有惰性，因此可作为井下防灭火和防止瓦斯爆炸的材料。

矿井空气中氮气的主要来源：井下爆破和生物的腐烂，有些煤岩层中的氮气涌出，人为注氮灭火。

（三）矿井空气中的有害气体

矿井空气中常见的有害气体：一氧化碳（CO）、硫化氢（H_2S）、二氧化氮（NO_2）、二氧化硫（SO_2）、氨气（NH_3）、氢气（H_2）和瓦斯（CH_4）等。

1. 基本性质

1）一氧化碳（CO）

一氧化碳是一种无色、无味、无臭的气体。相对密度为 0.97，微溶于水，能与空气均匀地混合。一氧化碳不助燃，有燃烧爆炸性，当空气中一氧化碳浓度在 13% ~75% 范围内时有爆炸危险。

主要危害：血红素是人体血液中携带氧气和排出二氧化碳的细胞。一氧化碳与人体血液中血红素的亲和力比氧大 250~300 倍。一旦一氧化碳进入人体后，首先就与血液中的血红素结合，因而减少了血红素与氧结合的机会，使血红素失去输氧功能，造成人体血液"窒息"。达到 0.08% 时，40 min 就能引起头痛眩晕和恶心；达到 0.32% 时，5~10 min 会引起头痛、眩晕，30 min 会造成昏迷，甚至死亡。

主要来源：爆破、矿井火灾、煤炭自燃以及煤尘、瓦斯爆炸事故等。

2）硫化氢（H_2S）

硫化氢是一种无色、微甜、有浓烈臭鸡蛋味的气体，当空气中硫化氢浓度达到 0.0001% 时即可嗅到，但当浓度较高时，因嗅觉神经中毒被麻痹，反而嗅不到。硫化氢相对密度为 1.19，易溶于水，在常温、常压下，一个体积的水可溶解 2.5 个体积的硫化氢，所以它可能积存于旧巷的积水中。硫化氢不助燃，有燃烧爆炸性，空气中硫化氢浓度达到 4.3% ~45.5% 时有爆炸危险。

主要危害：硫化氢剧毒，有强烈的刺激性；能阻碍生物氧化过程，使人体缺氧。当空气中硫化氢浓度较低时，主要以腐蚀刺激作用为主，当浓度较高时能引起人体迅速昏迷或死亡。当浓度达到 0.005% ~0.01% 时，1~2 h 后出现眼及呼吸道刺激症状，达到 0.015% ~0.02% 能够使人迅速昏迷，甚至死亡。

主要来源：有机物腐烂、含硫矿物的水解、矿物氧化和燃烧、从采空区和旧巷积水中放出的硫化氢。

3）二氧化氮（NO_2）

二氧化氮是一种褐红色、有强烈的刺激气味的气体，相对密度为 1.57，极易溶于水，不助燃，无燃烧爆炸性。

主要危害：二氧化氮溶于水后生成腐蚀性很强的硝酸，对眼睛、呼吸道黏膜和肺部有强烈的刺激及腐蚀作用，二氧化氮中毒有潜伏期，中毒者指头出现黄色斑点。浓度为0.01%时，出现严重中毒。

主要来源：井下爆破工作。

4）二氧化硫（SO_2）

二氧化硫是一种无色、有强烈的硫黄气味及酸味的气体，空气中浓度达到0.0005%时即可嗅到。相对密度为2.22，易溶于水，不助燃，无燃烧爆炸性。

主要危害：遇水后生成硫酸，对眼睛及呼吸道黏膜有强烈的刺激作用，可引起喉炎和肺水肿。当浓度达到0.002%时，眼及呼吸器官即会感到强烈的刺激；浓度达到0.05%时，短时间内即有致命危险。

主要来源：含硫矿物的氧化与自燃、在含硫矿物中爆破、从含硫矿层中涌出二氧化硫。

5）瓦斯（CH_4）

瓦斯是一种无色、无味、无臭、无毒的气体，但有时会发出一种类似苹果香的特殊气味。相对密度为0.554，难溶于水，不助燃，有燃烧爆炸性。当空气中瓦斯浓度在5%～16%时，遇高温会爆炸。

6）氨气（NH_3）

氨气是一种无色、有浓烈臭味的气体，相对密度为0.596，易溶于水。在空气中浓度达30%时有爆炸危险。

主要危害：氨气对皮肤和呼吸道黏膜有刺激作用，可引起喉头水肿。

主要来源：爆破工作，注凝胶灭火等，部分岩层中也有氨气涌出。

7）氢气（H_2）

氢气是一种无色、无味、无毒的气体，相对密度为0.07。能够自燃，其点燃温度比沼气低100～200 ℃。

主要危害：当空气中氢气浓度为4%～74%时有爆炸危险。

主要来源：井下蓄电池充电时可放出氢气，有些中等变质的煤层中也有氢气涌出。

2. 矿井空气中有害气体的安全浓度标准

矿井空气中有害气体对井下作业人员的生命安全危害极大，因此，《煤矿安全规程》对常见有害气体的安全标准做了明确的规定。

矿井空气中有害气体的最高允许浓度：

有害气体名称	符 号	最高容许浓度/%
一氧化碳	CO	0.0024
氧化氮(折算成二氧化氮)	NO_2	0.00025
二氧化硫	SO_2	0.0005
硫化氢	H_2S	0.00066
氨	NH_3	0.004

二、矿井通风方法

进入井下各用风地点以前的风流叫进风，从井下各用风地点流出的风流叫回风。矿井通风分为自然通风和机械通风两种。自然通风指在有两个标高不等井口的矿井，由于两个井口处存在温差，气流从一个井口进风并经过井下巷道、工作面后流向另一个井口。机械通风，指利用通风机使空气获得能量并沿井巷流动。它能增大流经井巷的风量，有效克服井巷阻力，防止瓦斯积聚，排出有毒有害气体，保证安全生产。机械通风的矿井，必须至少有两个出口通至地面，形成通风系统，使工作地点有风流贯通，给离开工作面的乏风提供排出通路。通风机械是产生机械风压的动力源。机械通风按通风机工作方式的不同，分为压入式通风和抽出式通风。压入式通风是指系统内的空气压力处于较当地同标高大气压高的正压状态，故又称正压通风；抽出式通风是指系统内空气压力处于较当地同标高大气压低的负压状态，又称负压通风。前者为铀矿的主要通风方法，后者为煤矿的主要通风方法。

依靠主要通风机产生的风压进行通风的方法称为全风压通风，又称总风压通风。矿井利用全风压通风，系统内不同区段分配的风压值不同。在矿井开拓或准备采区时，必须根据该处全风压供风量编制通风设计；局部地区也应借助导风设施（风障等）尽可能利用全风压通风。如需风量大且掘进巷道较长则需采用局部（掘进）通风。利用局部通风机或主要通风机产生的风压对井下独头巷道进行通风的方法称为局部通风，又称掘进通风。

利用局部通风机作动力，通过风筒引导风流的局部通风方法叫局部通风，分为压入式、抽出式和混合式。压入式通风安全性好，有效射程大，排烟能力强并可使用柔性风筒，但炮烟污染巷道致使劳动卫生条件下降。抽出式通风因为是汇流，有效吸程短，排烟能力较弱，只能用刚性风筒，巷道污染影响小。长巷道掘进多用混合式通风。

井下用风地点的回风再次进入其他用风地点的通风方式叫串联通风。一般情况下采煤工作面不允许采用串联通风方式，而应采用独立通风方式。部分回风再次进入同一进风中的风流叫循环风。任何通风地点都不允许循环风存在。

三、局部通风方法

（一）局部通风机通风

利用局部通风机作动力，通过风筒导风的通风方法称局部通风机通风，它是目前局部通风最主要的方法。常用通风方式有压入式、抽出式和混合式。

（1）压入式。压入式通风方式布置如图 2 - 35 所示。

（2）抽出式。抽出式通风方式布置如图 2 - 36 所示。

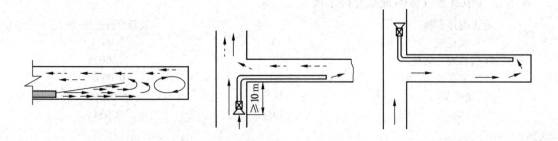

图 2 - 35　压入式通风方式布置示意图　　　　图 2 - 36　抽出式通风方式布置示意图

（3）混合式通风。混合式通风是压入式和抽出式两种通风方式的联合运用，其使用方式须符合《煤矿安全规程》第一百六十三条规定。按局部通风机和风筒的布设位置，混合式通风分为长抽短压和长压短抽通风方式。长抽短压分为前压后抽（图2-37a）和前抽后压（图2-37b）。

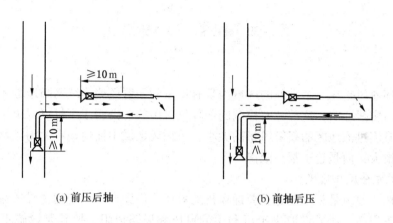

(a) 前压后抽　　　　　　　　　　(b) 前抽后压

图2-37　长抽短压通风方式布置示意图

① 长抽短压。长抽短压就是工作面的污风由压入式风筒压入的新风予以冲淡和稀释，由抽出式主风筒排出，其中抽出式风筒须用刚性风筒或带刚性骨架的可伸缩风筒。

② 长压短抽。工作方式：新鲜风流经压入式长风筒送入工作面，工作面污风经抽出式通风除尘系统净化，被净化后的风流沿巷道排出，如图2-38所示。

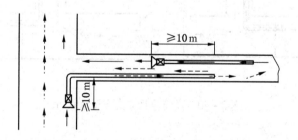

图2-38　长压短抽通风方式布置示意图

（二）可控循环通风

当局部通风机的吸入风量大于全风压供给设置通风机巷道的风量时，则部分由局部用风地点排出的污浊风流，会再次经局部通风机送往用风地点，故称其为循环风，如图2-39所示。

循环通风方式分为掺有适量外界新风的循环通风和不掺有外界新风的循环通风。前者即为可控制循环通风，也称为开路循环通风；后者称为闭路循环通风。

在煤矿掘进通风中使用闭路循环通风时，因既无任何出口，也无法除去这些气体，在封闭的循环区域中的污染物浓度必然会越来越大。因此，《煤矿安全规程》规定严禁采用

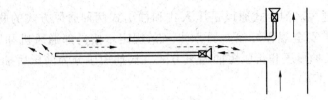

图 2 - 39　循环通风方式布置示意图

循环通风。

如果循环通风是在一个敞开的区域内且有适量的新鲜风流连续不断地掺入到循环风流中，经理论与实践证明，这部分有控制的循环风流中的污染物浓度仅仅取决于该地区污染物的产生率及流过该地区的新鲜风量的大小，故循环区域中任何地点的污染物浓度，都不会无限制地增大，而是趋于某一限值。

（三）矿井全风压通风

矿井全风压通风是利用矿井主要通风机的风压，借助导风设施把主导风流中的新鲜空气引入掘进工作面，通风量取决于可利用的风压和风路风阻。按导风设施不同分为以下几种：

（1）风筒导风。在巷道内设置挡风墙截断主导风流，用风筒把新鲜空气引入掘进工作面，污浊空气从独头掘进巷道中排出，如图 2 - 40 所示。这种方法的特点是辅助工程量小，风筒安装、拆卸比较方便，通常用于需风量不大的短巷掘进通风中。

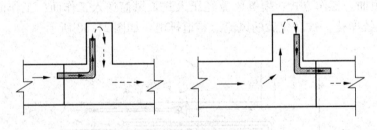

图 2 - 40　风筒导风方式布置示意图

（2）平行巷道导风。在掘进主巷的同时，在附近与其平行的方向掘一条配风巷，每隔一定距离在主、配巷间开掘联络巷，形成贯穿风流，当新的联络巷沟通后，旧联络巷即封闭。两条平行巷道的独头部分可用风障或风筒导风，巷道的其余部分用主巷进风，配巷回风，如图 2 - 41 所示。

（3）钻孔导风。离地表或邻近水平较近处掘进长巷反眼或上山时，可用钻孔提前沟通掘进巷道，以便形成贯穿风流。这种通风方法曾被应用于煤层上山的掘进通风，取得了良好的排瓦斯效果。

四、矿井通风系统

（一）概述

矿井通风系统是向矿井各作业地点供给新鲜空气、排出污浊空气的通风网路、通风动

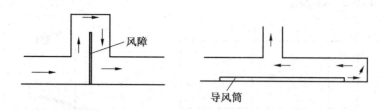

图 2-41 平行巷道导风方式布置示意图

力和通风控制设施的总称。下面以采煤工作面的通风系统来简要地说明通风工作原理。采煤工作面的通风是整个矿井通风系统中的一个组成部分。矿井的主要通风机安装在总回风井的井口上边，进行排风而产生负压（即该处的绝对压力小于大气压），使地面的新鲜空气从入风井进入井下，沿运输巷进入采煤工作面，工作面用过的乏风经工作面回风巷到集中回风巷，再经总回风井由主要通风机排出地面，形成矿井中各个采、掘工作面的通风系统风流，如图 2-42 所示。

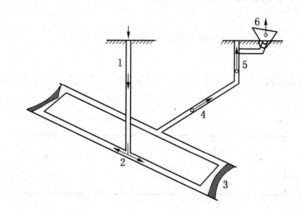

1—入风井（副井）；2—运输巷道；3—回采工作面；4—集中回风巷；5—总回风巷；6—主要通风井

图 2-42 矿井通风系统示意图

（二）矿井通风方式类型

按进、回井在井田内的位置不同，通风系统分为中央式、对角式、区域式及混合式 4 种形式。

1. 中央式

进、回风井均位于井田走向中央。根据进、回风井的相对位置又分为中央并列式和中央边界式（中央分列式）。

2. 对角式

（1）两翼对角式。进风井大致位于井田走向的中央，两个回风井位于井田边界的两翼（沿倾斜方向的浅部），称为两翼对角式，如图 2-43 所示，如果只有一个回风井且进、回风分别位于井田的两翼称为单翼对角式。

（2）分区对角式。进风井位于井田走向的中央，在各采区开掘一个不深的小回风井，无总回风巷，如图 2 - 44 所示。

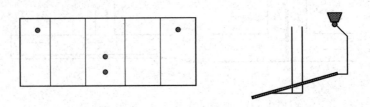

图 2 - 43　两翼对角式通风示意图

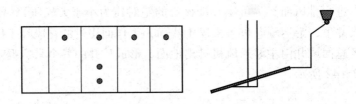

图 2 - 44　分区对角式通风示意图

（3）区域式。在井田的每一个生产区域开凿进、回风井，分别构成独立的通风系统，如图 2 - 45 所示。

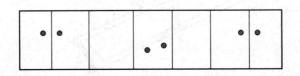

图 2 - 45　区域式通风示意图

（4）混合式。混合式由上述诸种方式混合组成。如中央分列与两翼对角混合式，中央并列与两翼对角混合式等。

3. 主要通风机的工作方式与安装地点

主要通风机的工作方式有 3 种，分别为抽出式、压入式、压抽混合式。

（1）抽出式。主要通风机安装在回风井口，在抽出式主要通风机的作用下，整个矿井通风系统处在低于当地大气压力的负压状态。当主要通风机因故障停止运转时，井下风流的压力提高，比较安全。

（2）压入式。主要通风机安设在入风井口，在压入式主要通风机作用下，整个矿井通风系统处在高于当地大气压的正压状态。在冒落裂隙通达地面时，压入式通风矿井采区的有害气体通过塌陷区向外漏出。当主要通风机因故障停止运转时，井下风流的压力降低。

（3）压抽混合式。在入风井口设一风机做压入式工作，回风井口设一风机做抽出式工作。通风系统的进风部分处于正压，回风部分处于负压，工作面大致处于中间，其正压或负压均不大，采空区通连地表的漏风因而较小。这种方式的缺点是使用的通风机设备多，管理复杂。

五、采区通风系统

采区通风系统是矿井通风系统的主要组成单元，包括采区进风、回风和工作面进风、回风巷道组成的风路连接形式及采区内的风流控制设施。

（一）采区通风系统的基本要求

（1）每一个采区，都必须布置回风道，实行分区通风。

（2）采煤和掘进工作面应独立通风。有特殊情况，独立通风困难必须串联通风时，应符合相关规定。

（3）煤层倾角大于12°的采煤工作面采用下行通风时，要报矿总工程师批准。

（4）采煤和掘进工作面的进风和回风都不得经过采空区或冒落区。

（二）采区进风上山与回风上山的选择

每个采区的上（下）山至少要有两条，对生产能力大的采区可有3条甚至4条上山。采区进风上山与回风上山的选择方式有：

（1）轨道上山进风，输送机上山回风。

（2）输送机上山进风，轨道上山回风。

比较：轨道上山进风，新鲜风流不受煤炭释放的瓦斯、煤尘污染及放热影响，输送机上山进风，运输过程中释放的瓦斯可使进风流的瓦斯和煤尘浓度增大，影响工作面的安全卫生条件。

（三）采煤工作面上行风与下行风

上行风与下行风是指进风流方向与采煤工作面的关系而言的。当采煤工作面进风巷道水平低于回风巷时，采煤工作面的风流沿采煤工作面由下向上流动的通风，称上行通风，否则是下行通风，如图2-46所示。

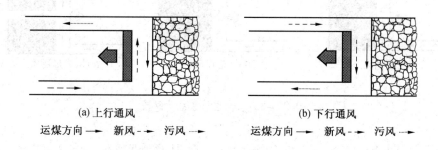

（a）上行通风　　　　　　　　（b）下行通风
运煤方向 ——→　新风 - -→　污风 ——→　　　运煤方向 ——→　新风 - -→　污风 ——→

图2-46　上行与下行通风示意图

上行通风与下行通风的优缺点比较：

（1）下行风的方向与瓦斯自然流向相反，两者易于混合且不易出现瓦斯分层流动、局部积存的现象。

（2）上行风比下行风工作面的温度要高。

（3）下行风比上行风所需要的机械风压要大。

（4）下行风在起火地点瓦斯爆炸的可能性比上行风要大。

（四）工作面通风系统

采煤工作面一般常用的通风方式有反向通风、同向通风及对拉工作面通风等方式。

1. 反向通风方式

反向通风方式的特点是，工作面的进风巷与回风巷的风流方向相反，平行流动。我国采用走向长壁采煤法的矿井多采用反向通风方式。

反向通风方式的优点是采空区漏风量比较小，缺点是工作面上隅角附近，由于风流速度很低容易积聚瓦斯，影响安全生产。如 U 形通风系统就是典型的反向通风方式，如图 2－47 所示。

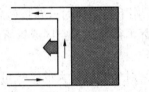
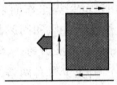

图 2－47　U 形通风系统示意图

2. 同向通风方式

同向通风方式的特点是工作面的进风巷与回风巷的风流方向相同且平行流动。工作面的回风是由采空区回风巷（沿空留巷）及采区边界上山排出的。优点是能利用采空区漏风，将瓦斯带到工作面回风巷的风流中，从而避免采空区瓦斯涌到工作面或在工作面上隅角积存；缺点是采空区漏风较多，容易引起煤炭自然发火，如图 2－48 所示。

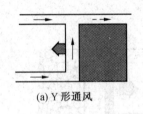
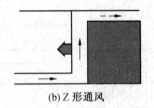
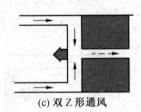

(a) Y 形通风　　　　　(b) Z 形通风　　　　　(c) 双 Z 形通风

图 2－48　同向通风系统示意图

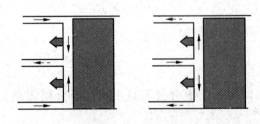

图 2－49　H 形通风系统示意图

3. H 形通风系统

H 形通风即对拉工作面通风方式。对拉工作面通风系统由 3 条巷道构成，分为两进一回或一进两回两种通风方式。这种通风方式与反向、同向通风方式相比，具有通风量大、阻力小、采空区漏风少等优点，缺点是都有一段下行通风，如图 2－49 所示。

（五）工作面需风量、风速、温度

为供给人员呼吸、稀释和排出有害气体、浮尘，创造良好气体条件所需的风量叫需风量。采煤工作面实际需要的风量，按以下原则确定：

（1）风流中的瓦斯、二氧化碳和其他有害气体的浓度不超过规定。

（2）工作面的风速及温度必须达到规定的要求。

（3）每个工作地点，每人每分钟供给的风量都不得少于 4 m^3。

根据以上原则分别计算出的供风量，取其中的最大值。

《煤矿安全规程》规定，采煤工作面、掘进中的煤巷和半煤岩巷最低风速不得小于 0.25 m/s，最高风速不得超过 4 m/s。综合机械化采煤工作面，在采取煤层注水和采煤机喷雾降尘等措施后，其最大风速可高于 4 m/s，但不得超过 5 m/s。当采掘工作面空气温度超过 26 ℃、机电设备硐室超过 30 ℃时，必须缩短超温地点工作人员的工作时间，并给予高温保健待遇。当采掘工作面的空气温度超过 30 ℃、机电设备硐室超过 34 ℃时，必须停止作业。

六、通风构筑物

在矿井通风系统网路中适当位置安设隔断、引导和控制风流的设施和装置，以保证风流按生产需要流动，这些设施和装置统称为通风构筑物。它分为两大类：一类是通过风流的通风构筑物，如主要通风机风硐、反风装置、风桥、导风板和调节风窗；另一类是隔断风流的通风构筑物，如井口密闭、挡风墙、风帘和风门等。

（1）风门。风门通常安设在通风系统中既要隔断风流又要行人或通车的地方。在行人或通车不多的地方，可构筑普通风门，而在行人或通车比较频繁的主要运输道上，则应构筑自动风门，如图 2-50 所示。

风门表示方式　　调节风门表示方式

图 2-50　风门示意图

（2）风桥。当通风系统中进风巷与回风巷需水平交叉时，为使进风与回风互相隔开需要构筑风桥。按其结构不同分为以下 3 种形式：

① 绕道式风桥。开凿在岩石里，最坚固耐用，漏风少，如图 2-51 所示。

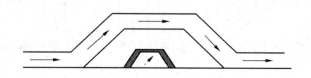

图 2-51　绕道式风桥示意图

② 混凝土风桥。混凝土风桥结构紧凑，比较坚固，如图 2－52 所示。

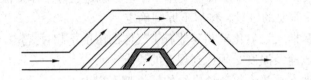

图 2－52　混凝土风桥示意图

③ 铁筒风桥。铁筒风桥可在次要风路中使用，如图 2－53 所示。

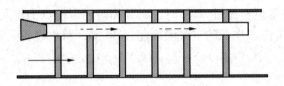

图 2－53　铁筒风桥示意图

（3）密闭。密闭是隔断风流的构筑物。设置在需隔断风流、不需要通车及行人的巷道中，如图 2－54 所示。密闭的结构随服务年限的不同分为以下两类：

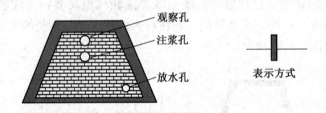

图 2－54　密闭示意图

① 临时密闭：通常用木板、木段等修筑，用黄泥、石灰抹面。
② 永久密闭：通常用料石、砖、水泥等不燃性材料修筑。
（4）导风板。常见的导风板有引风导风板、降阻导风板和汇流导风板，如图 2－55 所示。

(a) 引风导风板　　　(b) 降阻导风板　　　(c) 汇流导风板

图 2－55　导风板导风示意图

第七节 采煤工作面基本知识

一、采煤工作面顶、底板和围岩性质

（一）缓倾斜煤层采煤工作面顶板的分类与分级

为了便于选择缓倾斜煤层采煤工作面的顶板控制方法与支护方式，将缓倾斜煤层采煤工作面的直接顶稳定性进行分类，简称直接顶分类。将基本顶压力显现进行分级，简称基本顶分级。这种分类与分级方法对倾斜煤层采煤工作面也可参考使用。具体分类与分级方法如下：

（1）直接顶分类。采煤工作面直接顶类别是按其在开采过程中表现的稳定程度进行划分的。顶板共分为四类：一类不稳定、二类中等稳定、三类稳定和四类非常稳定。

（2）基本顶分级。根据基本顶压力显现强烈程度，将基本顶进行分级，共分为四级。其中，Ⅳ级又分为两个亚级。级别名称、代号和分级指标见表2-1，表中 Pe 是基本顶初次来压当量。

表2-1 基 本 顶 分 级 指 标 　　　　　　kN/m²

级别代号	Ⅰ级	Ⅱ级	Ⅲ级	Ⅳ级	
				Ⅳa	Ⅳb
名　称	不明显	明显	强烈	非常强烈	
分级指标	Pe（平均）≤895	895＜Pe（平均）≤975	975＜Pe（平均）≤1075	1075＜Pe（平均）≤1145	Pe（平均）＞1145

（二）缓倾斜煤层采煤工作面底板的分类

为了合理选择采煤工作面支柱的底面积，达到不扎底而有效支护顶板的目的，将缓倾斜煤层采煤工作面的底板按允许底板载荷强度由小到大分为极软、松软、较软、中硬及坚硬5个类别。

（三）采煤工作面围岩的物理与力学性质及指标

采煤工作面围岩（即顶、底板）的物理性质是指岩石作为物体的基本特征，如岩石的密度、孔隙度等。而岩石的力学性质是指岩石在外力作用下，发生变形以致破坏的特征，如岩石的抗压强度、抗拉强度、抗剪强度、抗弯强度及内摩擦角等。

（四）岩石坚固程度和普氏系数

岩石坚固程度是指岩石的破碎难易程度。在鉴别岩石坚固程度时，用一种指定的岩石做试验，使被试验的岩石表面发生变形，从而得出该岩石抗压程度的大小，用来表示其单向抗压强度，即为该岩石的坚固程度。

区分岩石坚固程度所用的系数叫普氏系数，全称"普罗托季亚科诺夫系数"。普氏系数的符号为"f"，f值用下式计算：

$$f = R/10$$

式中 R 为岩石被压坏时的极限单向抗压强度，单位 MPa。

如测得某种岩石的极限单向抗压强度 $R = 80$ MPa，则其普氏系数 $f = 80 \div 10 = 8$。

按这种方法将岩石的坚固程度分为 10 级。这种分级方法虽然不能全面反映出岩石的性质，但由于确定普氏系数 f 值比较简单，在一定程度上能反映出岩石破碎难易的客观规律，而且分级表示的形式也比较明确。

二、采煤方法与采煤工艺

（一）采煤方法概念

由于煤层赋存条件和开采技术条件的不同，所选的采煤方法也不同。合理的采煤方法应最大限度地满足安全、产量大、效率高、成本低和工作面回采率高等基本要求。任何一种采煤方法都包括采煤系统和采煤工艺两项主要内容。要正确理解"采煤方法"的含义，必须首先了解下列基本概念。

（1）采场。用来直接大量采出煤炭的场所称为采场。

（2）采煤工作面。在采场内进行回采的煤壁称为采煤工作面，也称回采工作面。实际工作中，采煤工作面与采场是同义语。

（3）回采工作。在采场内，为采出煤炭所进行的一系列工作称为回采工作。

（二）采煤系统

回采巷道掘进一般是超前于回采工作面进行的，它们之间在时间上的配合以及在空间上的相互位置关系称为回采巷道布置系统，即采煤系统。

（三）采煤方法

采煤系统与采煤工艺相配合即构成采煤方法。根据不同的矿山地质及技术条件，有不同的采煤系统与采煤工艺相配合，从而构成多种多样的采煤方法。

1. 采煤方法分类

采煤方法虽然种类较多，但归纳起来，基本上可以分为壁式和柱式两大体系。

（1）壁式采煤法。根据煤层厚度不同，采用不同的壁式采煤法。对于薄及中厚煤层，一般采用一次采全厚的单一长壁采煤法；对于厚煤层，一般是将其分成若干中等厚度的分层来开采，即分层长壁式采煤法。按照回采工作面的推进方向与煤层走向的关系又可分为走向长壁采煤法（工作面沿倾斜布置，沿走向推进）和倾斜长壁采煤法（工作面沿走向布置，沿倾斜推进）两种类型。其中，倾斜长壁采煤法又分为仰采和俯采两种。

（2）柱式采煤法。柱式采煤法分为房式和房柱式。房式及房柱式采煤法的实质是在煤层内开掘一些煤房，煤房与煤房之间以联络巷相通。回采在煤房中进行，煤柱可留下不采，或在煤房采完后，再回采煤柱，前者称为房式采煤法，后者称为房柱式采煤法，这两种采煤法在我国应用很少。

（3）壁式采煤法与柱式采煤法的比较。壁式采煤法较柱式采煤法煤炭损失小、回采连续性强、单产高、掘进率低、采煤系统简单、安全性好。但采煤工艺装备比较复杂，要求较高的组织管理水平。在我国地质条件和开采条件好的矿区，主要采用壁式采煤法。

2. 走向长壁采煤法采区巷道布置

走向长壁采煤法的采区巷道布置方式有双翼采区和单翼采区两种。

为了形成采煤系统，必须在已有开拓巷道的基础上，再开掘一系列准备巷道（为全采区服务）和回采巷道（为采煤工作面服务），建立完整的采煤、运煤、运料、通风、排水、动力供应以及人员通行的巷道系统，这个过程称为采区巷道布置。采区巷道布置方式又称准备方式。

1）双翼采区巷道布置方式

（1）巷道系统。单一煤层走向长壁采煤法主要用于缓倾斜、倾斜（薄及中厚）煤层或缓斜 3.5～5 m 厚煤层，其采煤系统比较简单，图 2-56 所示为单一煤层走向长壁采煤法双翼采区巷道布置。

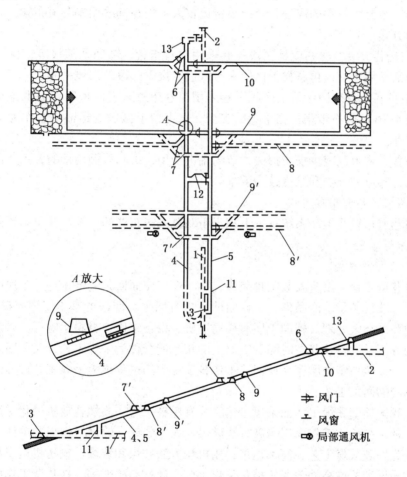

1—采区运输石门；2—采区回风石门；3—采区下部车场；4—轨道上山；5—运输上山；6—上部车场；7、7′—中部车场；8、8′、10—区段回风平巷；9、9′—区段运输平巷；11—采区煤仓；12—采区变电所；13—绞车房

图 2-56 单一走向长壁采煤法双翼采区巷道布置

在采区石门接近煤层处，开掘下部车场。由下部车场沿煤层开掘轨道上山和运输上山，两条上山相距 20～25 m，上部车场与采区回风石门连通。从中部车场，开掘区段的运输平巷，当回风平巷和运输平巷掘到采区边界后，就可开掘开切眼进行回采。

（2）生产系统。采区生产系统包括运煤系统、运料排矸系统、通风系统、供电系统、供水防尘系统和压风系统等，这里主要介绍运煤系统、运料排矸系统和通风系统。

① 运煤系统：回采工作面采出的煤炭→区段运输平巷9→运输上山5→采区煤仓11→采区运输石门1→水平运输大巷→中央煤仓→主井→地面。

② 运料系统：运料采用矿车运输；材料或设备→采区下部车场3→轨道上山4→上部车场6→区段回风平巷10→工作面。

③ 通风系统：新鲜风流从采区运输石门1→下部车场3→轨道上山4→中部车场7→分两翼经区段运输平巷9→工作面。乏风经区段回风平巷10→上部车场6→采区回风石门2→排出采区进入总回风巷。

（3）区段平巷布置方式。双巷道布置方式现在使用比较少，主要是因为保护巷道不受采动影响，需要留较大的煤柱，资源浪费比较大。现在都采用单巷道布置。单巷道布置有以下两种方式：

① 沿空送巷。沿空送巷就是区段平巷采用单巷布置，随回采随报废，待上区段回采完毕，顶板活动稳定后，再紧靠上区段采空区边缘掘下区段的回风平巷。

② 沿空护巷。沿空护巷就是区段平巷采用单巷布置，随回采工作面推进，在紧靠平巷上帮处砌4～6 m矸石带来加强平巷的支护，以保留上区段的运输平巷作为下区段回采时的回风平巷。

单巷布置方式可以减少煤炭损失，节约掘进费用，缓和采掘衔接的关系。但对于采高较大的采区，巷道的维护和维修较为困难。

2）单翼采区巷道布置方式

采区内巷道布置及生产系统基本上相当于双翼采区布置的一翼，这里不再详细介绍。

（四）采煤工艺

1. 采煤工艺及种类

当采区巷道工程、设备安装工程完成，第一个工作面回采巷道掘进，工作面相关设备安装完成后，就具备了生产条件，工作面即可进行回采。回采的基本工序有破煤、装煤、运煤、支护和采空区处理。辅助工序有移输送机、设备维修、材料运输等。采煤工作面各工序所用的方法、设备及其在时间、空间上的相互配合称为采煤工艺，又称回采工艺。在一定时间内、按照一定的顺序完成回采工作各项工序的过程称为采煤工艺过程。不同的采煤方法有不同的回采工艺。

目前，我国长壁采煤工作面采煤工艺方式有爆破采煤、高档普通机械化采煤、综合机械化采煤3种。在长壁工作面用爆破方法破煤、人工装煤、输送机运煤和单体支柱支护的采煤工艺称为爆破采煤工艺，简称炮采；用机械方法破煤和装煤、输送机运煤和单体液压支柱支护的采煤工艺称高档普通机械化采煤工艺，简称高档普采；在长壁工作面用机械方法破煤和装煤、输送机运煤和液压支架支护的采煤工艺叫综合机械化采煤工艺，简称综采，其主要特点是使用了全封闭顶板的自移式液压支架，安全性、自动化程度更高，图2-57所示为自移式液压支架支护顺序。

自20世纪90年代开始，我国逐步推广综采放顶煤开采工艺，它也是一种综合机械化采煤工艺，只不过是在支架后方多了一个放煤口和一台输送机并且多了放顶煤这道工序，综采放顶煤示意如图2-58所示。

2. 采煤工序

在采煤工作面进行煤炭生产的采煤工艺由以下5个主要工序组成：

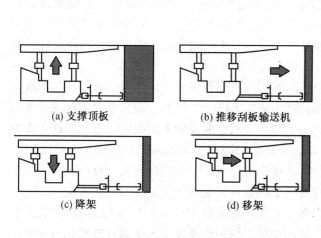

(a) 支撑顶板　　　　(b) 推移刮板输送机

(c) 降架　　　　　　(d) 移架

图2-57　自移式液压支架支护顺序

1—煤层；2—直接顶；3—冒落顶煤；
4—采空区矸石；5—随顶煤落下的矸石

图2-58　综采放顶煤示意图

（1）破煤：将煤炭从工作面煤壁上采落下来的工序。

（2）装煤：把采落下来的煤炭装入工作面刮板输送机或溜槽内的工序。

（3）运煤：把装入到刮板输送机或溜槽里的煤炭运出工作面的工序。

（4）支护：将破煤后工作面空间用支护材料或设备进行支与护的工序。

（5）采空区处理：在垮落法控制顶板的工作面，采空区处理是回柱与放顶工序，综采机械化采煤工作面移液压支架就是采空区处理；在全部充填法控制顶板的工作面，采空区处理是回柱与充填的工序。

3. 普采、高档普采工艺的技术装备及其发展过程

普采、高档普采工艺的技术装备主要是用滚筒采煤机破煤与装煤，可弯曲整体移设的刮板输送机及带式输送机运煤，单体支柱与金属铰接顶梁支护顶板。

我国普采工艺始于20世纪60年代初期，主要采用单滚筒采煤机破煤与装煤，用中型可弯曲刮板输送机运煤，使用可缩性的摩擦式金属支柱与金属铰接顶梁支撑顶板。虽然还有用人工打切口、扫机道浮煤、支护与回柱放顶等工序，但与炮采工艺相比在采煤技术上有很大的进步，实现了破煤与装煤两大工序的机械化，减轻了工人的笨重体力劳动，工作面的单产和工效均比炮采提高50%以上。由于摩擦式金属支柱的支护强度低，安全可靠性较差，2008年，国家明令淘汰可缩性摩擦式金属支柱。普采工艺经过40多年的使用，终于完成了它的历史使命。

到20世纪70年代中期，由于大功率双滚筒采煤机、重型可弯曲刮板输送机以及性能可靠的单体液压支柱的相继出现，采煤机械化技术装备水平有了进一步提高。这种采用大功率双滚筒采煤机破煤和装煤、重型可弯曲刮板输送机运煤、性能可靠的单体液压支柱配金属铰接顶梁支护顶板的采煤工艺，被称作高档普采工艺，主要在中、小型矿井和复杂地质条件矿井中使用。虽然支护与回柱仍然是人工操作，但开切口与清扫机道浮煤两个工序实现了机械化作业，从而进一步减轻了工人的体力劳动，提高了生产水平，改善了安全生产条件。

4. 综合机械化采煤工艺的技术装备与特点

综合机械化采煤工艺简称综采，综采工艺采用大功率双滚筒采煤机、重型刮板输送机、自移式液压支架、移动变电站、带式输送机、转载机等设备。基本实现了采煤工作面机械化作业，用人减少，工人的劳动强度大大减轻，生产效率也成倍提高，真正实现了高产、高效。

综采工艺的破煤、装煤、运煤 3 个工序基本与高档普采一样，都是由采煤机与刮板输送完成的，只是设备的功率大、强度高，能力高达 1000 t/h 以上。综采最大的特点是采用自移式液压支架支护工作面的顶板，解决了支护与回柱放顶的人工操作问题，实现了支护与采空区处理的全部机械化作业，从而大量减少顶板事故，工作面年产可高达 500 万 t 以上。

综采工艺具有高产、高效、安全及生产集中等优点，但初期投资大，有时装备一个工作面设备要上亿元而且要求煤层要有较好的赋存条件，是现代化矿井的发展方向。

厚煤层用综采设备进行整层开采，煤层底部按综采方式采出，上部顶煤由液压支架放煤口放出的采煤工艺称作综采放顶煤，简称综放。综采放顶煤工艺是综合机械化采煤的一种，适用于 5 m 以上厚煤层，具有高产、高效的特点，当煤厚在 6～12 m 时，放顶煤开采效果最佳，资源回收率最高，但总体来说，综采工艺比综放工艺回收率要高。在选择工作面回采工艺时，应结合矿山地质条件、采矿设备状况、技术条件、技术管理水平和煤炭生产系统等统一考虑。

总之，应遵守尽可能采用机械化程度较高的采煤工艺的原则，以满足工作安全、降低劳动强度，减少煤炭资源损失，减少材料消耗、降低开采成本，用人少、安全可靠性高、管理方便等要求。

第八节　灾　害　防　治

一、矿井瓦斯灾害防治

（一）矿井瓦斯的定义

矿井瓦斯是严重威胁煤矿安全生产的主要自然因素之一。矿井瓦斯是指从煤层或岩层中放出或生产过程中产生并涌入矿井内的各种气体。基本成分是甲烷（CH_4）、二氧化碳（CO_2）和氮气（N_2），还有少量的硫化氢（H_2S）、一氧化碳（CO）、氢气（H_2）、二氧化硫（SO_2）及其他碳氢化合物气体。

1. 矿井瓦斯涌出量

矿井瓦斯涌出量是指在矿井生产过程中涌入巷道内的瓦斯量，可用绝对瓦斯涌出量和相对瓦斯涌出量两个参数表示。矿井绝对瓦斯涌出量（$Q_{绝}$）是指矿井在单位时间内涌出瓦斯的体积，单位为 m^3/min 或 m^3/d。可用下式计算：

$$Q_{绝} = QC \times 60 \times 24$$

式中　Q——矿井总回风巷风量，m^3/d；

　　　C——回风流中的平均瓦斯浓度，% 。

相对瓦斯涌出量（$q_{相}$）是指在正常生产条件下开采 1 t 煤涌出的瓦斯体积，单位为 m^3/t。

$$q_{相} = \frac{Q_{绝} n}{T}$$

式中　$Q_{绝}$——矿井绝对瓦斯涌出量，m^3/d；

　　　n——矿井瓦斯鉴定月的工作天数，$d/月$；

　　　T——矿井瓦斯鉴定月的产量，$t/月$。

2. 瓦斯涌出的影响因素

瓦斯涌出的影响因素包括煤层和围岩的瓦斯含量、开采深度、开采规模、开采顺序与开采方法、地面气压的变化。

（二）矿井瓦斯等级

《煤矿安全规程》规定，一个矿井中，只要有一个煤（岩）层发现瓦斯，该矿井即为瓦斯矿井，瓦斯矿井必须依照矿井瓦斯等级进行管理。矿井瓦斯等级，按照平均日产 1 t 煤涌出瓦斯量和瓦斯涌出形式划分为以下两种：

（1）低瓦斯矿井：$10 \ m^3$ 及其以下。

（2）高瓦斯矿井：$10 \ m^3$ 以上。

矿井在采掘过程中，只要发生过一次煤与瓦斯突出，该矿井即为突出矿井，发生突出的煤层定为突出煤层。

（三）矿井瓦斯积聚

瓦斯积聚是指体积超过 $0.5 \ m^3$ 时，空间瓦斯浓度超过 2% 的现象。局部地点的瓦斯积聚是造成瓦斯爆炸事故的根源，积聚原因主要有以下几个方面：

（1）通风系统不合理、供风距离过长、采掘布置过于集中、工作面瓦斯涌出量过大而又没有采取抽放措施、通风路线不畅通等原因都容易造成采煤工作面风量供给不足，积聚瓦斯。

（2）正常生产时期，煤矿井下的通风设施被随意改变状态。

（3）采掘工作面的串联通风，上工作面的污浊空气未经监测和控制进入下工作面，导致与下工作面风流中的瓦斯叠加而超限。

（4）局部通风机停止运转可能使掘进工作面很快达到瓦斯爆炸的界限。

（5）对封闭的区域或停工一段时间的工作面恢复通风，未制定专门的排放瓦斯措施。

（6）气压发生变化或采空区发生大面积冒顶时，容易引起瓦斯积聚。

（7）当采掘工作面推进到地质构造异常区域时，容易引起瓦斯积聚。

（8）巷道冒落空洞由于通风不良容易形成瓦斯积聚。

（四）瓦斯爆炸的条件、影响因素和点火源

1. 瓦斯爆炸的条件

矿井在开采过程中，从煤、岩层中不断涌出瓦斯，其中有甲烷、乙烷、一氧化碳、二氧化碳和二氧化硫等气体，但主要是甲烷，又名沼气。在正常温度和压力下，当瓦斯浓度含量在 5% ~15% 时，遇到点燃热源就会爆炸。实验表明，当电火花或灼热导体的温度达到 650 ~750 ℃ 或以上时，就有引起瓦斯爆炸的可能。电火花最容易引起瓦斯爆炸的浓度是 8.5% 。

瓦斯爆炸的基本条件：

（1）瓦斯浓度在爆炸界限内，一般为 5% ~16% 。

（2）混合气体中的氧气浓度不低于 12%。

（3）有足够能量的点火源。

2. 影响瓦斯爆炸发生的因素

（1）其他可燃气体的影响。

（2）氧气浓度和过量惰气的影响。

（3）温度的影响。

（4）气压的影响。

3. 瓦斯爆炸的点火源

煤矿井下的明火、煤炭自燃、电弧、电火花、赤热的金属表面以及撞击和摩擦火花，都能点燃瓦斯。此外，采空区内岩石悬顶冒落时产生的碰撞火花也能引起瓦斯燃烧或爆炸。苏联的研究人员认为，岩石脆性破裂时，裂隙内可以产生高压电场（达 108 V/cm），电场内电荷流动也能导致瓦斯燃烧。

（五）煤（岩）与瓦斯突出的条件、一般规律和预兆

1. 突出的条件

突出发生必须同时满足以下 3 个条件：

（1）爆破落煤、石门突然揭开煤层、采掘工作面进入地质构造带、打钻、悬顶冒落等，使工作面附近煤（岩）体应力状态突然改变，导致煤（岩）体局部突然破坏，这是突出的诱发条件。

（2）突出诱发后，煤（岩）的暴露面处于高地应力和高瓦斯压力区，使煤（岩）体能产生自发地连续破碎，这是突出的发展条件。

（3）煤（岩）体和已破碎的煤（岩）能快速涌出瓦斯（包括游离瓦斯和吸附瓦斯），形成能抛出已破碎煤（岩）的瓦斯流，这是突出发展的必要条件。

2. 煤（岩）与瓦斯突出的一般规律

（1）危险性随开采深度及煤层厚度的增大而增大。

（2）绝大多数发生在掘进工作面。

（3）引起应力状态突然变化的区域。

（4）主要诱导因素是采掘作业，其次为爆破、风镐、手镐等作业。

3. 煤与瓦斯突出预兆

煤与瓦斯突出前有一系列动力预兆，归纳起来分有声预兆和无声预兆两种。

有声预兆：在个别突出发生前，会出现渗水声和其他声响。

（1）响煤炮。在煤层内发出像炮击声、闷雷声、爆竹声、机枪声、"嗡嗡"声，这些声响在我国许多突出矿井统称为"煤炮"。由于条件不同，声音大小、间隔时间也不相同。

（2）突然压力增大。支柱来劲，发出"咔咔"的响声，或发出劈裂折断的响声，手摸煤壁能感到冲击和震动，有煤岩层的破裂声，有时会听到气体穿过含水裂缝时的"吱吱"声等。

无声预兆：

（1）地压方面的预兆。压力增大，有顶板来压、支架来压，掉渣，片帮，工作面煤壁外鼓、底鼓，煤岩自行剥落，煤眼变形装不进炸药等预兆。

（2）煤层结构变化预兆。如煤层层理紊乱、煤层粉碎、煤变松软、煤变暗而无光泽、煤干燥和煤尘增多等预兆。

（3）瓦斯方面的预兆。瓦斯及温度变化、瓦斯涌出异常、风流瓦斯浓度增大、瓦斯浓度忽大忽小；打钻时顶钻、钻孔喷煤、喷瓦斯；工作人员感到发闷、煤尘增大、气味异常、煤壁发冷、气温下降等预兆。

（4）其他预兆。在某些突出发生前，会出现煤壁和工作面温度降低，散发特殊气味等预兆。

（六）煤与瓦斯突出避灾措施

（1）切断灾区和受影响区的电源，但必须在远距离断电，防止产生电火花引起爆炸。

（2）撤出灾区和受威胁区的人员。

（3）派人到进、回风井口及其50 m范围内检查瓦斯、设置警戒，熄灭警戒区内的一切火源，严禁一切机动车辆进入警戒区。

（4）派遣救护队佩戴呼吸器、携带灭火器等器材下井侦察情况，进行抢救遇险人员、恢复通风系统等工作。

（5）要求灾区内不准随意启闭电气开关，不要扭动矿灯开关和灯盏，严密监视原有的火区，查清突出后是否出现新火源，防止引爆瓦斯。

（6）发生突出事故后不得停风和反风，防止风流紊乱扩大灾情。制定恢复通风的措施，尽快恢复灾区通风，将高浓度瓦斯绕过火区和人员集中区，直接引入总回风道。

（7）组织力量抢救遇险人员。安排救护队员在灾区内救人，非救护队员（佩戴有隔离式自救器）在新鲜风流中配合救灾。救人时应本着先明（在巷道中可以看见的）后暗（被煤岩堵埋的）、先活后死的原则进行。

（8）制定并实施预防再次突出的措施，必要时撤出救灾人员。

（9）当突出后破坏范围很大、巷道恢复困难时，应在抢救遇险人员后，对灾区封闭。

（10）若突出后造成火灾或爆炸，则按处理火灾或爆炸事故进行救灾。

二、矿井火灾防治

（一）矿井火灾发生的基本要素

矿井火灾发生的基本要素有热源、可燃物、空气。

（二）矿井火灾的分类

（1）根据不同引火热源，矿井火灾分为外因火灾和内因火灾。外因火灾是由外部热源引起的火灾；内因火灾是煤炭等易燃物质在空气中氧化发热并积聚热量而引起的火灾。

（2）根据不同发火地点，矿井火灾分为井筒火灾、巷道火灾、采煤工作面火灾、煤柱火灾、采空区火灾和硐室火灾。

（3）根据不同燃烧物，矿井火灾分为机电设备火灾、火药燃烧火灾、油料火灾、坑木火灾、瓦斯燃烧火灾和煤炭自燃火灾。

（三）井下易于自燃的区域

（1）采空区。采空区自燃火区主要分布在碎煤堆积和漏风同时存在、采空时间大于自然发火期的地方。

（2）煤柱。尺寸偏小、服务期较长、受采动压力影响的煤柱，容易压酥碎裂，其内部产生自燃发火。

（3）巷道顶煤。采区石门、综采放顶煤工作面沿底掘进的进回风巷等，巷道顶煤受压时间长，压酥破碎，风流渗透和扩散至内部（深处），便会发热自燃。

（4）断层和地质构造带附近。工作面搬家和不正常推进以及工作面过地质构造带或破碎带都是煤自燃发生频率较高的区域。

（四）煤炭自然发火的条件

从煤的氧化自燃过程可以看出，煤炭自燃必须具备以下3个条件：

（1）煤炭具有自燃的倾向并呈破碎状态堆积。

（2）连续的通风供氧使煤的氧化过程不断地发展。

（3）煤氧化生成的热量大量蓄积，难以及时散失。

（五）矿井火灾的危害

矿井火灾会造成人员伤亡、矿井生产接续紧张、巨大的经济损失、污染环境等危害。

（六）矿井火灾防治的技术途径

1. 外因火灾防治的技术途径

外因火灾是由外部火源引起的火灾。预防外因火灾发生除了要防止火灾产生，还要防止已发生的火灾事故扩大，尽量减少火灾损失。

1）预防外因火灾产生的措施

（1）防止失控的高温热源产生和存在。

（2）尽量不用或少用可燃材料，不得不用时应与潜在热源保持一定的安全距离。

（3）防止产生机电火灾。

（4）防止摩擦引燃。

① 防止胶带摩擦起火，带式输送机应具有可靠的防打滑、防跑偏、超负荷保护和轴承温升控制等综合保护系统。

② 防止摩擦引燃瓦斯。

（5）防止高温热源和火花与可燃物相互作用。

2）预防外因火灾蔓延的措施

（1）在适当的位置建造防火铁门，防止火灾事故扩大。

（2）每个矿井地面和井下都必须设立消防材料库。

（3）每一矿井必须在地面设置消防水池，在井下设置消防管路系统。

（4）主要通风机必须具有反风装置并保持良好状态。

2. 自然发火防治的技术途径

根据煤炭自然发火的机理和条件，通常从开采技术、堵漏措施、介质法防灭火3个方面采取措施进行预防。

三、矿尘防治

矿尘是悬浮在矿井空气中的固体矿物微粒，是在矿山生产和建设过程中所产生的各种煤、岩微粒的总称。其不仅对矿井的安全生产有着重要的影响，而且严重地影响了工人的健康。在某些综采工作面割煤时，工作面煤尘浓度高达 4000 ~ 8000 mg/m³，有的甚至更高。

（一）矿尘危害的形式

矿尘具有很大的危害性，表现在以下几个方面：

（1）污染工作场所，引起职业病。轻者会患呼吸道炎症、皮肤病，重者会患尘肺病。

（2）某些矿尘（如煤尘、硫化尘）在一定条件下可以爆炸。

（3）加速机械磨损，缩短精密仪器使用寿命。

（4）降低工作场所能见度，增加工伤事故的发生数量。

（二）煤尘爆炸

1. 煤尘爆炸的机理

煤尘爆炸是在高温或一定点火能的热源作用下，空气中氧气与煤尘急剧氧化的反应过程，是一种非常复杂的链式反应。一般认为其爆炸机理及过程如下：

（1）煤本身是可燃物质，当它以粉末状态存在时，总表面积显著增加，吸氧和被氧化的能力大大增强，一旦遇见火源，氧化过程迅速展开。

（2）当温度达到 $300 \sim 400 \, ℃$ 时，煤的干馏现象急剧增强，放出大量的可燃性气体，主要成分为甲烷、乙烷、丙烷、丁烷、氢和 1% 左右的其他碳氢化合物。

（3）形成的可燃气体与空气混合，在高温作用下吸收能量，在尘粒周围形成气体外壳，即活化中心。当活化中心的能量达到一定程度后，链反应过程开始，游离基迅速增加，发生了尘粒的闪燃。

（4）闪燃形成的热量传递给周围的尘粒并使之参与链反应，导致燃烧过程急剧地循环进行，当燃烧不断加剧使火焰速度达到每秒数百米后，煤尘的燃烧便在一定临界条件下跳跃式地转变为爆炸。

2. 煤尘爆炸的条件

煤尘在空气中的含量达 $30 \sim 2000 \, g/m^3$ 时，遇到 $700 \sim 800 \, ℃$ 点燃温度时便会爆炸，爆炸后还生成大量的一氧化碳，它比瓦斯爆炸具有更大的危害性。煤尘含量达到 $112 \, g/m^3$ 时，爆炸最猛烈。煤尘爆炸必须同时满足以下 3 个条件：煤尘的爆炸性、煤尘浓度、引起煤尘爆炸的热源。

（三）矿尘治理的基本技术

1. 减尘技术

减尘是指减少和抑制尘源产尘，从而减少井下空气中煤尘的浓度。减尘一是减少产尘总量和产尘强度；二是减少呼吸性矿尘所占的比例。它是防尘技术措施中最积极、最有效的措施。主要采取向煤岩体注水、湿式打眼、湿式作业等措施减尘，因此，采煤工作面不能干打眼。

2. 降低浮尘

一般采用喷雾洒水来降低浮尘。喷雾洒水是将压力水通过喷雾器（又称喷嘴），在旋转及冲击的作用下，使水流雾化成细微的水滴喷射在空气中，用水湿润、冲洗初生或沉积于煤堆、岩堆、巷道周壁、支架等处的矿尘，因此炮采工作面爆破前后要洒水防尘。

3. 除尘措施

除尘措施有两种，分别是通风排尘和除尘装置捕集除尘。

4. 隔尘措施

（1）防尘口罩。矿井要求所有接触矿尘的作业人员必须佩戴防尘口罩，对防尘口罩的基本要求是，阻尘率高，呼吸阻力和有害空间小，佩戴舒适，不妨碍视野。普通纱布口罩阻尘率低，呼吸阻力大，潮湿后有不舒适的感觉，应避免使用。

（2）防尘安全帽（头盔）。煤炭科学研究总院重庆分院研制出 AFM - 1 型防尘安全帽（或称送风头盔）与 LKS - 7.5 型两用矿灯匹配，在该头盔间隔中安装有微型轴流风机、主过滤器、预过滤器，面罩可自由开启。

（3）隔绝式压风呼吸防尘装置。隔绝式压风呼吸防尘装置是利用矿井压缩空气，通过离心方式脱去油雾、活性炭吸附等净化过程，经减压阀减压同时向多人均衡配气供给呼吸。

（四）煤尘爆炸的特征

矿井发生的爆炸事故有时是瓦斯爆炸，有时是煤尘爆炸，有时是瓦斯与煤尘混合爆炸。究竟属于什么性质的爆炸，要看爆炸后的现场痕迹。通常，煤尘爆炸具有以下特征：

（1）在巷道壁和支架上留有黏焦。

（2）煤尘的成分发生变化。

（3）煤尘爆炸时气体的碳氢比（C/H）明显高于瓦斯（甲烷）爆炸。

（4）灾区空气中 CO 浓度很高。煤尘爆炸时能产生大量 CO，灾区空气中 CO 浓度一般为 2% ~ 3%，有时为 7% ~ 8%，甚至 10% 以上。爆炸事故中受害者大多数（70% ~ 80%）是由 CO 中毒造成的。

（5）煤尘爆炸具有连续性。

（6）连续爆炸时间间隔短。

（7）连续爆炸时，离爆源越远破坏力越大。

（五）煤尘爆炸事故的处理方法

煤尘爆炸事故的处理方法与瓦斯爆炸事故的基本相同。处理过程：灾区停电撤人→向上级汇报→召请救护队→成立抢救指挥部→救护队到灾区救人→侦察情况→灭火→恢复通风系统等。

四、矿井水灾防治

（一）矿井水灾及其对生产的影响

（1）矿井水造成采掘工作面出现淋水，使空气湿度明显增加，顶板破碎，对劳动条件及生产效率影响很大。

（2）由于矿井水的存在，在生产中必须进行排水，水量越大排水费用越高，势必增加煤炭生产成本。

（3）矿井水对各种金属设备、钢轨和金属支架等均有腐蚀作用，这就缩短了生产设备的使用寿命。

（4）当井下突然涌水或涌水量超过矿井排水能力时，就会给生产带来严重影响，轻者可造成矿井局部停产，重者则可造成全矿被淹。

（二）井下防治水技术

矿井防治水可归纳为"查、探、放、排、堵、截"六个字。

（1）做好矿井水文观测与水文地质工作，就是做好井上和井下地质观测及探测工作。

（2）井下探水。井下探放水是防止水害的重要手段之一，"有疑必探，先探后掘"是防止井下水害的基本原则。

（3）疏放排水，包括疏放含水层水和疏放采空区积水。

（4）截水。截水方法有留设防水煤（岩）柱、装设水闸墙（防水墙）和防水闸门。

（5）矿井注浆堵水。

（三）突水预兆

煤层或岩层透水前，一般都会有一些征兆。井下工作人员都应熟悉发生透水事故前的预兆，以便及时采取防范措施。

1. 与承压水有关断层水突水征兆

（1）工作面顶板来压、掉渣、冒顶、支架倾倒或断柱现象。

（2）底软膨胀、底鼓张裂。

（3）先出小水后出大水也是常见的征兆。

（4）采场或巷道内瓦斯量显著增大，这是裂隙沟通增多所致。

2. 冲积层水突水征兆

（1）突水部位岩层发潮、滴水且逐渐增大，仔细观察可发现水中有少量细砂。

（2）发生局部冒顶、水量突增并出现流砂，流砂常呈间歇性，水色时清时混，总的趋势是水量、砂量增加，直到流砂大量涌出。

（3）发生大量溃水、溃砂，这种现象可能影响至地表，导致地表出现塌陷坑。

3. 采空区积水突水征兆

（1）煤层发潮发暗。由于水的渗入，煤层变得潮湿，由光泽变暗淡。如果挖去一层仍是这样，说明附近有积水。

（2）巷道壁或顶板"挂汗"。它是积水通过岩石微小裂隙时，凝聚在岩（煤）壁表面的一种现象。

（3）煤层变凉。采掘工作面、煤层和岩层内温度低，"发凉"。煤层含水时能吸收人体的热量，用手触摸时会有发凉的感觉并且手放的时间越长，越感到凉。

（4）工作面顶板淋水加大或出现压力水头。

（5）工作面温度降低。工作面可见到淡淡的雾气，使人感到阴凉。

（6）水叫。煤岩层裂缝中有水挤出，发出"嘶嘶"的响声，表明因水压大，水向裂隙中挤出，发出响声，说明离水体不远了，有时还可听到像低沉的雷声或开锅水声，这都是透水的危险征兆。

（7）工作面有害气体增加。因积水区有害气体向外散出，工作面空气中的二氧化碳、硫化氢等气体的含量明显增大。

（8）煤壁或巷道壁"挂红"，如采空区积水，一般积存时间较长，水量补给少，通常称为"死水"，所以酸度大，水内含有含铁的氧化物或硫化矿物。这是接近采空区积水的征兆。

（9）采空区积水呈红色，含有铁，水面泛油花和臭鸡蛋味，口尝时发涩；若水甜且清，则是流砂水或断层水。

上述征兆并不是每次透水前都会全部出现，有时可能出现一种或几种，极个别情况甚至不出现。因此，必须提高警惕，密切注视，认真分析，这对及时采取防灾、避灾措施至关重要。

五、采煤工作面各种灾害发生时采取的措施

（一）采煤工作面发生火灾时矿工采取的措施

井下发生火灾时，在初期阶段要竭力扑救。当扑救无效时，应选择相对安全的避灾路线撤离灾区。在烟雾中行走时应迅速戴好自救器，最好利用平行巷道，迎着新鲜风流背离火区行走。如果巷道已充满烟雾，绝对不要惊慌，乱跑，要冷静而迅速辨认出发生火灾的地区和风流方向，然后有秩序地外撤。如无法撤出时，要尽快在附近找一个硐室或其他安全地点暂时躲避并把硐室出入口的门关闭以隔断风流，防止有害气体侵入。总之，为防止事故的扩大，必须采取以下措施：

（1）发现火灾后，现场人员要立即佩戴自救器并帮助受伤人员戴好。在正确判定火源位置、火势大小后，立即向本班副队、班长汇报并通知采煤工作面的所有工作人员。

（2）掌握事故基本情况后，应立即向矿调度室汇报。

（3）本班副队长、班长应把大家组织起来，利用现场的一切灭火设施和材料扑灭火灾并迅速利用附近的电话向矿调度室报告，向可能受波及区域发出警报。

（4）当发生火灾事故后，本班副队长、班长应组织人员沿迎（逆）风方向撤出灾区。

（二）采煤工作面瓦斯爆炸后矿工采取的措施

如果采煤工作面发生小型爆炸，进、回风巷一般不会被堵死，通风系统也不会遭到大的破坏。爆炸产生的一氧化碳和其他有害气体较易被排除。在这种情况下，采煤工作面爆炸上风侧的人员一般不会严重中毒，应迎（逆）着风流退出。爆源下风侧的人员应迅速佩戴自救器，经安全地带通过爆源到达上风侧，继续避灾脱险。

如果采煤工作面发生严重的爆炸事故，造成工作面冒顶垮落，使通风系统遭到破坏，爆源的上、下风侧都会积聚大量的一氧化碳和其他有害气体。因此，爆炸后没有受到严重伤害的人员都要佩戴好自救器并帮助伤员戴好自救器。如果爆炸地点冒落不严重，爆源上风侧的人员要迎（逆）风撤出；爆源下风侧人员要经安全地点通过爆源处，撤到新鲜风流处。如果冒顶严重撤不出来，应协助转移伤员，集中在较安全的地点待救。附近有独头巷道时，也可进入暂避并尽可能用木料、风筒等建筑临时避难硐室。进入避难硐室前应在硐室外留下衣物、矿灯等明显标志，以便引起救护队的注意，进入避灾地点救助人员。

（三）采煤工作面发生煤与瓦斯突出事故时矿工采取的措施

在井下发生煤与瓦斯突出前，有一系列动力征兆。在突出危险区域发现煤与瓦斯突出征兆时，现场人员必须采取以下避灾措施：

（1）立即撤出。采煤工作面人员发现煤与瓦斯突出预兆时，要迅速向进风侧撤离并通知其他人员同时撤离。撤离中应快速打开隔离式自救器并佩戴好，再继续外撤。掘进工作面发现煤与瓦斯突出预兆时，现场人员必须向外迅速撤离。撤退时应快速佩戴好隔离式自救器。撤至防突反向风门外后，要把防突风门关好，再继续外撤。

（2）发生事故后，立即向矿调度室汇报情况。

（3）利用好避难硐室。若自救器发生故障或佩戴自救器不能到达安全地点时，在撤出途中应进入预先筑好的避难硐室中躲避，或在就近地点快速建筑的临时避难硐室中避灾，等待矿山救护队的救援。

（4）要注意延期突出。有些矿井，出现了突出的某些预兆，但并不立即突出，要过

一段时间后才发生突出。

（5）撤退距离的确定。对于煤与瓦斯突出矿井，在石门揭煤层前以及在生产中发现煤与瓦斯突出预兆时，人员必须按照本矿防突措施的规定撤到安全地点。具体地讲，大矿要撤到防突风门以外，小煤矿最好撤到井上。

（四）采煤工作面发生水灾时矿工采取的措施

当井下发生透水事故时，应避开水头冲击，手扶支架或多人手挽手，然后撤退到上部水平，不要进入透水地点附近的平巷或下山独头巷道中。若是采空区或老窑涌水，要防止有害气体中毒或窒息。

（1）当矿井发生水灾事故后，施工人员被围困而无法撤退时，应迅速进入预先筑好的避难硐室中避灾，或选择合适地点快速建筑临时避难硐室避灾。如为采空区透水，则须在避难硐室处建临时挡风墙或吊挂风帘，防止被涌出的有毒有害气体伤害。

（2）进入避难硐室前，应在硐室外写字、留设衣物及矿灯等明显标志，以便救护人员及时发现，前往营救。

（3）避灾期间，遇险矿工要有良好的精神心理状态，情绪安定、自信乐观、意志坚强。要坚信上级领导一定会组织人员快速营救；坚信在班组长和有经验老工人的带领下，一定能够克服各种困难、共渡难关、安全脱险。避灾人员应做好长时间避灾的准备，要节约食物、注意身体保温并静卧，以减少体力和空气消耗；要轮流担任岗哨，注意观察外部情况特别是水情的变化情况；硐室内除留一盏矿灯外，其余矿灯应关闭备用。

（4）避灾时，应采用有规律地、间断地敲击金属物、顶帮岩石等方法，发出呼救联络信号，以引起救护人员的注意，指示出避灾地点的所在位置。

（5）被困期间断绝食物后，即使在饥饿难忍的情况下，也应努力克制自己，决不嚼食杂物（如木头、棉花、布料、电缆皮、输送带等）充饥。需要饮用井下水时，应选择适宜的水源并用纱布或衣服过滤。

（6）长时间被困在井下，发觉救护人员前来营救时，避灾人员不可过度兴奋和慌乱，要听从抢救人员的安排。得救后，不可吃硬质和过量的食物，要用毛巾等蒙住眼睛以避开强光，防止发生意外。

（7）透水事故发生后现场人员的报警方法和抢救措施。

① 透水事故发生后，在现场及其附近地区工作的人员，应认真分析判断灾情，立即向矿调度室报告。同时，要利用可靠的联络方式，及时向下部水平和其他可能受威胁区域的人员发出警报通知。

② 在透水区域设置水闸门时，现场人员撤出后，要立即紧紧关死水闸门，把水流完全隔断。

③ 水泵房人员在接到透水事故报警后，要立即关闭泵房两侧的密闭门，启动所有水泵，把透水后涌出的水尽快排出。没有接到矿井救灾领导人的撤退命令，决不可离开工作岗位。

④ 透水事故初期，现场人员应在本班班长和老工人的组织带领下，在保证自身安全的前提下迅速进行抢救工作。若透水点周围围岩坚硬、涌水量不大，可组织力量，就地取材，加固工作面，尽快堵住出水口；在水源情况不明、涌水凶猛、顶帮松散的情况下，决不可强行封堵出水口，以免引起工作面大面积透水，造成人员伤亡，灾情扩大。对于因透

水而受到伤害的矿工，现场人员应将其迅速抬运到安全地点，立即进行急救处理。

（五）井下发生冒顶事故时矿工采取的措施

采煤工作面冒顶事故一般发生在工作面初采、过断层、过老硐、过应力集中区、过顶板破碎带、过巷道交岔点、工作面上下端头、煤壁区等。冒顶事故发生后，必须采取以下措施：

（1）应查明事故地点顶、帮情况及人员埋压位置、人数和埋压状况。

（2）立即向调度室汇报发生冒顶事故的情况。

（3）采取措施，加固支护，防止再次冒落，同时小心地搬开遇险人员身上的煤、岩块，把人救出。搬运的时候，不可用镐刨、锤砸的方法扒人或破岩（煤）。如岩（煤）块较大，可多人搬或用撬棍、千斤顶等工具抬起，救出被埋压人员。

（4）对救出来的伤员，要立即抬到安全地点，根据伤情妥善救护。

发生冒顶事故时矿工还要注意自身安全防护措施，主要有以下几点：

（1）发现冒顶事故征兆后迅速撤到安全地点。

（2）发生冒顶时要靠巷帮或煤帮贴身站立或到木垛处避灾。

① 在一般情况下，靠煤帮上方的顶板由于受煤壁支撑，故整体不破碎，因此顶板沿煤壁冒落的情况很少。这就是说，当发生冒顶事故来不及撤退到安全地点时，靠巷帮或煤帮贴身站立避灾，比其他地方避灾防止伤害的可能性要大。但是，避灾者一定要注意躲避地点附近巷帮或煤壁的状况，防止煤壁片帮伤人。

② 冒顶时，有可能将支柱压断或推倒，但在一般情况下不可能压垮推倒合格的木垛。因此，在木垛附近避灾可对遇险者起保护作用。

③ 冒顶后，不少遇险者往往是在煤壁处和木垛附近被救出，有的虽受伤但经抢救后安全脱险，有的在遇险后并未受伤，而在其他地方避灾的人员，除少数特殊情况外，生还的可能性不大，即使抢救脱险也会因受伤严重而致残。

（3）冒顶遇险后要立即发出呼救信号。

无论是局部冒顶还是大冒顶，事故发出后一般都会推倒支架，埋压砸坏设备。尤其是有人遇险时，还会造成混乱。在这种情况下，遇险人员及时发出呼救信号，营救人员就可与其联系，准确掌握受灾人员的位置、人数以及受伤害情况，采取切实可行的营救措施。另外，在营救遇险人员时往往有一种惯例即抢救活人比抢救死人的紧迫感强。遇险人员发出呼救信号，就是证明他们还活着。因此，营救人员一般都会抓紧时间、千方百计地进行抢救。

（4）在冒落区发呼救信号时不能敲打对自己有威胁的物料和岩块。

冒顶后人员被埋压或隔堵，在人员遇险地点的不少物料和岩块等物体只是处于暂时的平衡状态。如不注意查看，稍一敲打就会破坏平衡，使物料、岩块等物体移动，造成新的冒落，从而加剧对遇险者的伤害。

（5）被埋压人员在条件不允许时不能采用猛烈挣扎的方法脱险。

冒顶后被煤矸、物料埋压的人员，在条件不允许时，不能采用猛烈挣扎的方法脱险。其原因是：

① 猛烈挣扎会震动遇险者周围的物体，使被埋压人员周围的煤矸、物料失去暂时的平衡，导致新的冒落和更大程度的埋压，这不仅不能脱险，还会扩大事故，增加伤害。

② 遇险人员被大块冒落岩石压住后，挣扎也没有用，根本无法脱险。正确的方法是：立即发出呼救信号；正视已发生的灾害，不要惊慌失措，坚信领导和同志们一定会积极抢救；注意保存体力，等待救援。

冒顶事故发生后，处在安全状态的现场工人在矿救护人员未到达前，要积极参加抢救被冒顶埋压遇险人员，但必须注意以下事项：

（1）保障营救人员的自身安全。矿井发生冒顶后，营救工作要在灾区负责人的领导下和有经验老工人的指挥下进行。首先，营救人员要检查冒顶附近的支架情况，采取措施进行加固，确保在抢救中不会再次冒落。另外，要设置畅通、安全的通道，保障退出时的安全。

（2）因地制宜对冒顶处进行支护。营救被冒顶埋压的人员时，必须因地制宜对冒落地点进行支护，要求支护时要方便迅速，完成后要安全可靠。我国煤矿在这方面的经验很多，下面介绍一种在采煤工作面冒顶时的常用方法：当采煤工作面发生局部冒顶，被埋压人员距煤壁较近时，可采用掏梁窝、悬挂金属顶梁，或掏梁窝、架单腿棚的方法对冒落地点进行支护。棚梁上的空隙要用木料架设支护牢固可靠后，方可在专人观察顶板的情况下，派人清理被埋压人员附近的冒落煤矸等物体，直到把遇险矿工从埋压处营救出来。

（3）妥善营救埋压人员。井下发生冒顶后，若遇险矿工被碎煤矸所埋，清理时要小心地使用工具，不可用镐刨的方法扒人；若遇险者被煤、岩块压住，要用力把煤、岩块搬运开，迅速把人员救出；若遇险者被大块煤、岩压住，应用千斤顶或液压起重气垫、液压起重器等工具把煤、岩块抬起。受灾人员被埋压时间较长时，可用长木棍向遇险人员送饮料和食物。

（4）被埋压矿工救出后要立即进行创伤检查和处理。被埋压人员救出后，如果不立即进行创伤检查和急救处理，也会导致死亡，使抢救成果前功尽弃。因此被埋压矿工救出后，营救人员一定要立即对其进行创伤检查并根据伤情进行止血包扎、人工呼吸、骨折临时固定等急救处理，然后才能出井。

第二部分
支护工初级技能

第三章

采煤工作面支护

第一节 采煤工作面单体支护的类型

采煤工作面单体支护的类型有工作面基本支护、临时支护、切顶支柱和加强支护4种。具体支护方式的分类如图3-1所示。

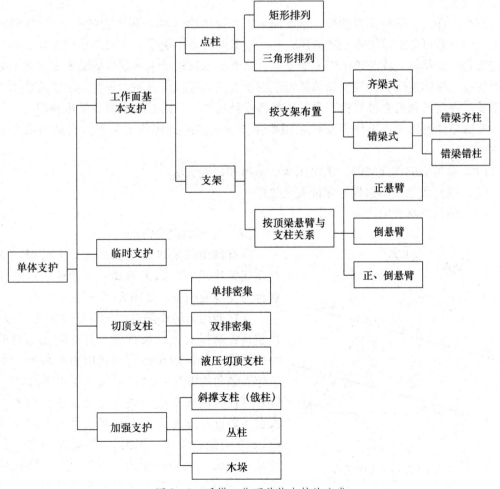

图3-1 采煤工作面单体支护的分类

第二节　单体支柱工作面的支护形式

为了安全生产，必须对回采工作面进行支护以及对采空区进行及时处理，这两种工序统称为顶板管理。工作面支架的布置方式取决于直接顶厚度及稳定程度、基本顶来压强度及对直接顶的破坏程度、底板的岩性及回采工艺的特点等。合理的支架布置方式对保证安全生产、充分发挥机械效能、提高工作面产量、提高回收率和降低支护材料消耗、减轻工人劳动强度具有重要意义。

工作面支护一般包括"支"和"护"两个方面，所谓"支"就是要求支架具有一定的承载能力，能与工作面顶板压力相适应并防止来压时顶板沿煤壁切顶；所谓"护"就是要求支架的架设能适应顶板易破碎的特征，防止冒顶事故的发生，以保证采煤工作面安全生产。"支"住了才能比较容易"护"，"护"得好才能"支"得有劲。支和护是相互联系又相互制约的两个方面。

工作面支护的作用与目的就是防止工作面直接顶的垮落，保护好工作空间，在一定程度上防止基本顶的下沉、弯曲、离层，保持基本顶岩层的基本稳定性。保证工作面正常回采和安全生产。

回采工作面支架是支撑顶板、平衡回采工作面内顶（底）板压力的一种临时结构物。支架类型一般可分为单体支架和液压自移式支架两大类，炮采工作面只使用单体支架，单体支架是指由单体支柱及顶梁组成的支架，通常有木顶柱及木顶梁组成的木支架和摩擦式金属支柱、单体液压支柱与金属顶梁组成的金属支架等，但目前木顶柱、摩擦式金属支柱由于支护强度低和安全可靠性不强，容易造成顶板事故，已被国家明令禁止使用。

普通单体液压支柱工作面支护采用单体液压支柱配铰接顶梁支护，它必须满足下列条件：

（1）有足够的作业空间，满足采煤、通风和行人要求。

（2）能有效地控制顶板，保证安全生产。

（3）最低的材料消耗。

（4）合理的支护密护。

在有倾角的采煤工作面内支设支柱时，支柱与顶底板法线方向向上偏离一个角度，这个角度被称为支柱迎山角，如图3－2所示。

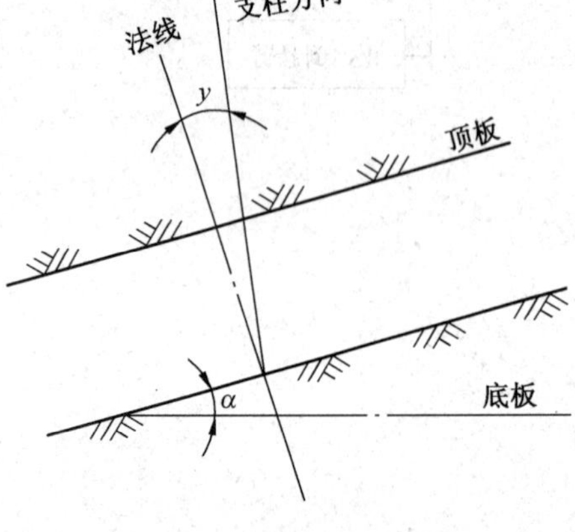

支柱迎山角的作用是使支柱稳固地支撑顶板，以免顶板来压时支柱被推倒。打柱时迎山角的大小要根据工作面倾角而定，迎山角的角度一般是工作面倾角的 $1/8 \sim 1/6$，最大值不得超过8°。所以在打柱时应按上面的要求正确掌握，即不能过大也不能过小或无迎山角。迎山角过大时叫"过山"；没有迎山角叫"退山"，如图3－3所示。无论是"过山"还是"退山"的支柱，对顶板的支撑效果都不好，顶板来压时容易发生倒柱，造成

α—工作面倾角；y—支柱迎山角

图3－2　支柱迎山角

安全事故，带来人身伤害和财产损失。

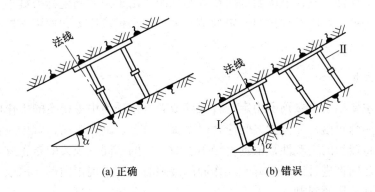

I—过山；II—退山

图3-3 迎、退山角对比示意图

普通单体支柱工作面（炮采工作面或高档普通机械化开采工作面）支护方式根据工作面采高和煤层顶板具体情况分为戴帽点柱和支架两种形式，支架包括悬移顶梁支架、网格式支架、棚子等。除个别顶板完整的工作面使用戴帽点柱外，最常用的是悬臂支架支护。

一、戴帽点柱支护

点柱即顶柱。顶柱上一般有柱帽，称为戴帽点柱。特点是单根支柱或戴帽单柱直接支设在顶底板间，起"支"的作用。柱帽多用厚为 50～100 mm、长为 300～500 mm 的木板或半圆木制成。支设方法根据排、柱距确定柱窝位置，把支柱上边的顶帽打牢。柱帽一般应倾向煤壁，与煤壁垂直线成 15°～30°夹角。点柱排列有三角形和矩形两种，如图 3-4 所示。由于矩形排列易于保证采场规格质量，目前多采用这种排列方式。

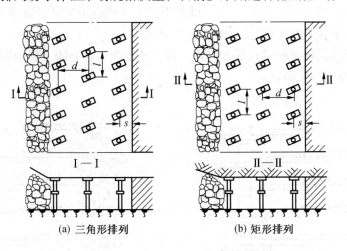

l—柱距；d—排距；s—机（炮）道宽

图 3-4 戴帽点柱排列方式示意图

戴帽点柱支护的柱帽与顶板接触面积小，适用于直接顶比较坚硬、完整、稳定或起伏不平的薄煤层工作面。支柱沿倾斜的间距称为柱距，沿走向的间距称为排距。排距取决于设备以及循环进度。柱距是在排距已定的情况下，依据顶板压力和选用支护材料的特性再加以确定。

二、棚子支护

棚子支护主要用于直接顶不稳定、较破碎或者直接顶为中等稳定的工作面。为了保证直接顶不发生局部冒落，在棚梁之间应背以木板、竹笆、荆条等物，背板应背严、背牢。

为了维护直接顶的完整性，根据直接顶裂隙方向的不同，顶梁的布置方式也不同。当回采工作面沿走向推进且出现平行于工作面的裂隙时，常采用走向棚。顶板的节理裂隙垂直于工作面时则采用倾斜棚。

根据顶板情况，走向棚有两种布置方式，分别是连锁式走向棚和对接式走向棚。

1. 连锁式走向棚

采用这种棚子时，新架设的棚子与原有的棚子各有一根棚腿沿着平行于工作面的方向并排在一起。这种棚子支撑力强，比较稳定。若配合背板，可以适用于不稳定和压力较大的破碎顶板。

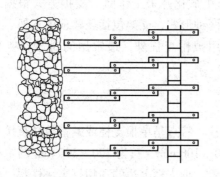

图 3-5　上行式连锁走向
棚子支护示意图

由于原有的棚子与新架设的两排棚子沿倾斜方向上下位置不同，连锁式走向棚又可分为上行式、下行式和混合式 3 种。

上行式连锁走向棚子的特点是沿倾斜方向新棚腿在原有棚腿的上方。这种棚子适用于煤层倾角小于 15°，回柱方向沿倾斜从上往下的工作面，如图 3-5 所示。

下行式连锁走向棚子的特点是新棚腿在原棚腿的下方，一般适用于煤层倾角大于 15°，回柱放顶方向沿倾斜从下往上的工作面，如图 3-6 所示。

混合式连锁走向棚子的特点是上行和下行交叉排列。这种棚子的顶梁在控顶区内基本呈水平直线，如图 3-7 所示。

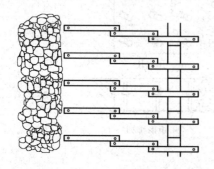

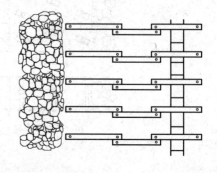

图 3-6　下行式连锁走向棚子支护示意图　　　　图 3-7　混合式连锁走向棚子支护示意图

2. 对接棚子支护

对接棚子支护有两种方式，一种是对接走向棚子，另一种是对接倾向棚子。

采用对接走向棚子时，新架设的棚子与原有的棚子对接成一条垂直于工作面的直线，棚梁两端留有一定的空隙。这种布置方式适用于直接顶中等稳定的工作面，如图 3 - 8 所示。

倾向棚子支护是棚梁与煤壁平行，同一排的棚梁以对接方式连接，一架棚子的立柱可以有 2 根或 3 根。如有平行于工作面的裂隙时，还必须在倾斜棚之间打上沿走向的抬棚，如图 3 - 9 所示。

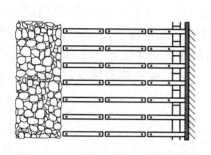

图 3 - 8　对接走向棚子支护示意图

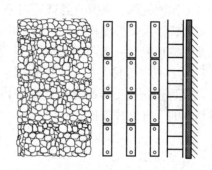

图 3 - 9　对接倾斜棚子支护示意图

上述为木棚子支护的各种布置方式，使用单体支柱与金属顶梁支护时，其布置方式与木棚子完全相同。

三、悬臂支架支护

悬臂支架是由单体液压支柱与铰接顶梁组成的，单体液压支柱使煤壁处的顶梁铰接，用悬臂支撑新暴露出的顶板。

这种支护方式的特点是：新暴露的顶板能够立即得到悬臂梁的支撑，出煤后可及时在梁下架设支柱，减少顶板的初期下沉，同时每列支架都被铰接在一起，支架整体性强，能够有效地发挥每根支柱的作用，减少顶板的台阶状下沉和断裂。

当顶板岩层稳固、顶板与顶梁均匀接触时，支柱顶梁（或柱帽）上的载荷分布取决于支柱支撑顶梁的位置关系，如图 3 - 10 所示。支柱两侧顶梁长度比为 1 : 1 时，如图 3 - 10a 所示，顶梁上载荷均匀分布。如果顶梁具有弹性变形，支撑力最大值出现在支柱的上方，而顶梁两端的支撑力较小，梁上载荷呈抛物线形分布，如图 3 - 10b 所示。当支柱两侧顶梁长度比为 1 : 2 时，顶梁上的载荷为三角形分布，最大载荷在顶梁短端，如图 3 - 10c 所示。如果支柱再向短端移动，比值超过 2 : 1 时，载荷将进一步向短端集中，长端端部顶梁的载荷为零，对顶板不起支护作用，如图 3 - 10d 所示。所以，支柱的正确位置应在顶梁的中部。在使用单体支柱与铰接顶梁的工作面，为了满足爆破后及时支护的要求，虽不能把支柱放在顶梁中部，也要尽量不使顶梁梁端太小。支柱在顶梁下的位置，至少应保证顶梁短端为顶梁全长的 30% 以上。

悬臂支护按照顶梁与支柱的相对位置关系分为正悬臂和倒悬臂，如图 3 - 11 所示。悬

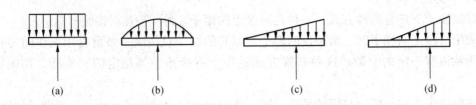

图 3 - 10　单体支柱顶梁载荷分布

臂伸向工作面的称正悬臂，悬臂伸向采空区的称倒悬臂。落煤时，循环进度或采煤机滚筒截深应与铰接顶梁长度相匹配。最小控顶距时至少要有三排支柱，以保证有足够的工作空间，最大控顶距时一般不宜超过五排支柱。通常推进一或两排柱放一次顶，称为"三、四排"或"三、五排"控顶，要根据顶板情况和循环进度来确定。"三、四排"或"三、五排"控顶就是当工作面支护达到四排或五排时，工作面就要进行回柱放顶工作，只保留最基本的三排支柱支护。

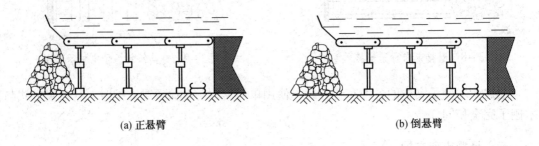

图 3 - 11　单体支架正悬臂与倒悬臂布置

　　正悬臂支架的特点：机道有悬臂支护，必要时还可掏梁窝提前挂梁，打贴帮柱，机道安全条件好。但是当机道宽为 1.2 m 时，若使用 0.8 ~ 1.2 m 长顶梁，则梁端面距煤壁尚有 0.3 ~ 0.7 m，难以维护全部机道顶板。当煤壁片帮时端面距将更大。如提前挂梁则梁窝较深。正悬臂支架靠采空区一侧悬臂较短，故切顶性能好且顶梁不易折损。

　　倒悬臂支架的特点与正悬臂支架相反：当提前挂梁时，新刨的梁窝比正悬臂浅，因而容易挂梁，靠采空区侧伸出悬臂较长，支柱不易被矸石埋住，回柱时也比较安全，但悬梁易折断。

　　悬臂梁支架按支架布置方式分为齐梁直线柱式、错梁直线柱式及错梁交错柱式 3 种。

　　1. 齐梁直线柱式

　　齐梁直线柱式的特点是梁头相齐，相邻支柱在一条直线上，如图 3 - 12 所示，支柱布置均匀，放顶线齐整，采煤机截深、排距、顶梁长度均相同，每割煤一刀（或爆破一次）挂一次顶梁，支一次支柱。优点是支架形式简单，规格质量易掌握，便于管理，顶梁尾端呈直线，切顶效果好，便于无密集放顶，放顶线整齐，易于设挡矸帘，可避免碎石涌入工作空间，工作面整齐，便于行人及运料。缺点是机道无支柱空间较大。这种支护方式适用于顶板较稳定，采高不大的工作面。

2. 错梁直线柱式

错梁直线柱式的特点是梁头相错，相邻支柱在一条直线上，如图 3 – 13 所示。这种方式能及时支护悬露的顶板，克服了齐梁式、沿工作面全长挂梁和在顶板破碎条件下打临时支柱的缺点。缺点是放顶线不齐，回柱困难。同时在放顶线有倒悬臂梁，顶梁容易损坏。它适用于顶板破碎而压力不大的工作面。

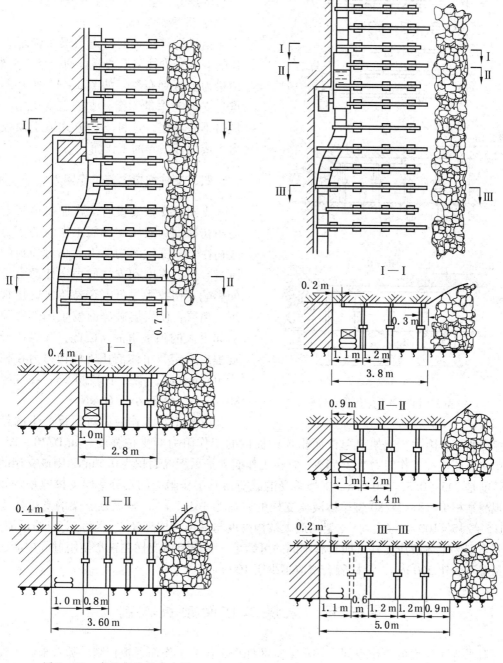

图 3 – 12　齐梁直线柱式布置　　　　　图 3 – 13　错梁直线柱式布置

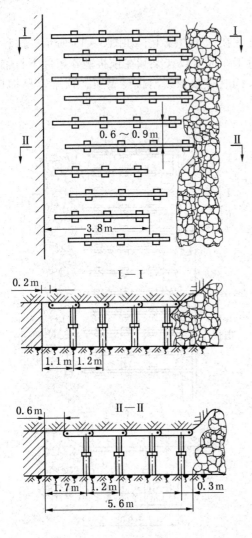

0.6～0.9m

3.8m

I—I

0.2 m

1.1 m　1.2 m

II—II

0.6 m

1.7 m　1.2 m　0.3 m

5.6 m

图 3-14　错梁交错柱式布置

错梁直线柱式有一梁两柱及一梁一柱两种形式。一梁两柱的优点：采煤机每割一刀煤（或爆破一次）隔一架支架挂一次顶梁，再割一刀煤时挂另一半顶梁，作业速度快，有利于顶板支护。一梁一柱式优点：支柱数量较两柱式少一半，顶梁正悬臂与倒悬臂结合，有利于安全回柱。

3. 错梁交错柱式

错梁交错柱式的特点是梁头错距为梁长的一半，支柱采取交错排列，呈三角形，顶梁为正悬臂布置，如图 3-14 所示。优点是支护工作量均衡，支护密度均匀，但规格不易掌握，这种支护方式适于顶板压力大或顶板破碎的工作面。

四、支柱初撑力与工作阻力

支架或支柱支设时，施加在顶板上的力叫初撑力。液压支柱靠工作液的压力形成初撑力。支柱的初撑力大小对顶板的下沉量、下沉速度和支柱的稳定性都有很大的影响。初撑力过低，容易造成直接顶下沉、离层，使岩层破碎而发生局部冒顶或引起更大的顶板事故。因此，《煤矿安全规程》规定，单体液压支柱初撑力在柱径为 100 mm 时，不得小于 90 kN；在柱径为 80 mm 时，不得小于 60 kN。

支架正常工作时，对顶板产生的最大支撑力叫工作阻力。支架对单位面积顶板提供的工作阻力叫支护强度。如 DZ18-25/80 型单体液压支柱工作阻力为 245 kN，它在工作面支护顶板的面积为 0.5 m²，则该支架的支护强度是 245÷0.5＝490 kPa。支架承受的载荷占其工作阻力的百分率叫支撑效率。如通过观测某根 DZ18-25/80 型单体液压支柱的载荷为 161.5 kN，则该点支架的支撑效率为 161.5÷245×100%＝66%。支架的最大结构高度与最小结构高度之差就是支架的可缩量。不同类型的单体液压支柱一般具有不同的可缩量。一般单体支柱在正常使用过程中活柱伸出量应不少于 200 mm，活柱剩余量应不少于 100 mm。

第三节　采煤工作面顶板控制

对采煤工作面的工作空间支护和采空区处理工作叫工作面顶板控制。随着采煤工作面不断向前推进，顶板悬露面积越来越大，为了工作面的安全和正常生产，需要及时对采空区进行处理。由于顶板特征、煤层厚度等条件不同和保护地表的特殊要求，采空区有多种处理方法，主要有充填法、缓慢下沉法、煤柱支撑法、垮落法4种。以上几种顶板控制方法中，最常用的是全部垮落法。此种采空区处理方法简单、可靠、费用少、资源回收率高。

工作面不断向前推进，如果不放顶，就会使顶板悬露过宽而造成顶板压力过大，超过工作面支柱承受压力就会造成顶板事故，而且也会占用过多的支柱和顶梁，降低使用效率。因此，当工作面推进一定距离后就要对采空区进行处理。采煤工作面在放顶以后和下次采煤以前的宽度称为最小控顶距；放顶距即每次放顶的宽度；最大控顶距是工作面临放顶前的宽度，它等于最小控顶距与放顶距之和，如图 3-15 所示。当工作面推进一次之后，工作空间达到最大控顶距，必须及时回柱放顶，使工作空间只保留回采工作所需的最小控顶距。

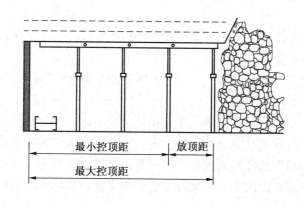

图 3-15 全部垮落法示意图

使用单体支柱支护的工作面的最小控顶距一般为 3 排支柱，最大控顶距为 4 排或 5 排支柱。工作面使用单体液压支柱时，通常用人工回柱，有时支柱钻底或被垮落碎矸埋住，需用拔柱器。回柱应按由下而上、由采空区向煤壁方向的顺序进行并应遵守各项规定，以保证回柱放顶工作的安全。采用全部垮落法处理采空区简单、可靠、费用少，因此，凡是条件合适时均应尽可能采用这种方法。目前，我国开采薄及中厚煤层和大部分厚煤层时，大都采用全部垮落法管理顶板。

为使工作面顶板随工作面推进及时垮落，工作面回柱后，应将回撤的支柱沿放顶线及时支设，作为密集放顶支柱或戗柱。密集放顶支柱由单体液压支柱组成，沿工作面切顶线排成一条直线。根据顶板压力和采空区悬顶面积的大小，密集放顶支柱有单排和双排两种，如图 3-16 所示。密集放顶支柱的作用是在放顶线部位切断顶板以减小顶板压力，同时阻拦采空区碎矸窜入工作面。如果随工作面推进，顶板悬顶而不及时垮落，就要采取措施对顶板进行处理，如在切顶线架设从柱、密集支柱、戗柱（或戗棚）、专门的液压切顶支柱等，以加强支护。如采取以上措施后顶板仍垮落，悬顶面积超过规程要求时，必须进行强制放顶。

支设密集放顶支柱的操作方法与支设点柱相同，但根据它的作用与特点，支设时要做到每根支柱的规格型号一致，底板松软时支柱必须穿鞋。按《煤矿安全规程》规定两段

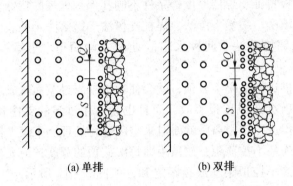

(a) 单排   (b) 双排

S—密集放顶支柱分段距离；Q—安全出口

图 3-16　密集放顶支柱支护示意图

密集支柱间留设的安全出口不得小于 0.5 m。每根密集放顶支柱之间，应留有 50～80 mm 的空隙，以便回柱时的操作。

密集放顶支柱适用于顶板坚硬、空顶区悬顶的工作面，用于切断悬露于采空区的顶板。

戗柱也属于加强支护的一种，适用于直接顶比较坚硬，回柱放顶后垮落的大块矸石有可能推倒密集切顶支柱或基本支架的条件。另外在金属网人工顶板下分层工作面支设戗柱或戗棚，可防止出现网兜或撕网的现象。戗柱是由单体支柱与短梁组成，支设方法是柱腿斜向煤壁方向，顶住原支设的基本支架或密集切顶支柱，具体支设与回撤方法在第九章第三节和第六节中详细介绍。

第四节　采煤工作面安全生产标准化

一、煤矿安全生产标准化简介

为了认真贯彻执行国家"安全第一、预防为主、综合治理"的安全生产方针，促使各类煤矿建立起自我约束、持续改进的安全生产长效机制，强化煤矿安全基础，提升安全保障能力，我国部分重点国有煤矿从 20 世纪 80 年代就开始进行煤矿安全质量标准化建设，并逐步向所有重点国有煤矿、地方国有煤矿、民营煤矿推广，取得了很好的效果，提升了全国煤炭工业的安全生产水平，较好地保障和维护了广大煤矿职工的生命安全和根本利益。

在煤矿安全生产标准化的执行和推广过程中，国家对煤矿安全生产的要求不断提高，多次对煤矿安全质量标准化标准及考核评级办法进行修改。2016 年国家煤矿安全监察局在 2013 年发布的《煤矿安全质量标准化考核评级办法（试行）》和《煤矿安全质量标准化基本要求及评分办法（试行）》基础上，组织制定了《煤矿安全生产标准化考核定级办法（试行）》和《煤矿安全生产标准化基本要求及评分办法（试行）》，并于 2017 年 7 月 1 日起试行。2020 年国家矿山安全监察局印发《煤矿安全生产标准化管理体系考核定级办法（试行）》和《煤矿安全生产标准化管理体系基本要求及评分方法（试行）》，并于 2020 年 7 月 1 日起实施。

二、采煤安全生产标准化基本要求及评分办法

1. 工作要求

1）基础管理

（1）有批准的采（盘）区设计，采（盘）区内同时生产的采煤工作面个数符合《煤矿安全规程》的规定；按规定编制采煤工作面作业规程。

（2）持续提高采煤机械化水平。

（3）有支护质量、顶板动态监测制度，技术管理体系健全。

2）岗位规范

（1）建立并执行本岗位安全生产责任制。

（2）操作规范，无违章指挥、违章作业、违反劳动纪律（以下简称"三违"）行为。

（3）管理人员、技术人员掌握采煤工作面作业规程，作业人员熟知本岗位操作规程、作业规程及安全技术措施相关内容。

（4）作业前进行安全确认。

3）质量与安全

（1）工作面的支护形式、支护参数符合作业规程要求。

（2）工作面出口畅通，进、回风巷支护完好，无失修巷道，巷道净断面满足通风、运输、行人、安全设施及设备安装、检修、施工的需要。

（3）工作面通信、监测监控设备运行正常。

（4）工作面安全防护设施和安全措施符合规定。

4）机电设备

（1）设备能力匹配，系统无制约因素。

（2）设备完好，保护齐全。

（3）乳化液泵站压力和乳化液浓度符合要求，并有现场检测手段。

5）文明生产

（1）作业场所卫生整洁，照明符合规定。

（2）工具、材料等摆放整齐，管线吊挂规范，图牌板内容齐全、准确、清晰。

2. 重大事故隐患判定

本部分重大事故隐患：

（1）矿井全年原煤产量超过矿井核定生产能力 110% 的，或者矿井月产量超过矿井核定生产能力 10% 的。

（2）矿井开拓、准备、回采煤量可采期小于有关标准规定的最短时间组织生产、造成接续紧张的，或者采用"剃头下山"开采的。

（3）超出采矿许可证规定开采煤层层位或者标高而进行开采的。

（4）超出采矿许可证载明的坐标控制范围开采的。

（5）擅自开采保安煤柱的。

（6）采煤工作面不能保证 2 个畅通安全出口的。

（7）高瓦斯矿井、煤与瓦斯突出矿井、开采容易自燃和自燃煤层（薄煤层除外）矿井，采煤工作面采用前进式采煤方法的。

（8）图纸作假、隐瞒采煤工作面的。

（9）未配备分管生产的副矿长以及负责采煤工作的专业技术人员的。

三、评分方法

1. 采煤工作面评分

按表3-1评分，总分为100分。按照检查存在的问题进行扣分，各小项分数扣完为止。

柔性掩护支架开采急倾斜煤层、台阶式采煤、房柱式采煤、充填开采等本部分未涉及的工艺方法，其评分参照工艺相近或相似工作面的评分标准执行。

项目内容中有缺项时按下式进行折算：

$$A_i = \frac{100}{100 - B_i} \times C_i \qquad (3-1)$$

式中　A_i——采煤工作面实得分数；

$\quad B_i$——采煤工作面缺项标准分数；

$\quad C_i$——采煤工作面检查得分数。

2. 采煤部分评分

按照所检查各采煤工作面的平均考核得分作为采煤部分标准化得分，按下式进行计算：

$$A = \frac{1}{n} \sum_{i=1}^{n} A_i \qquad (3-2)$$

式中　A——煤矿采煤部分安全生产标准化得分；

$\quad n$——检查的采煤工作面个数；

$\quad A_i$——检查的采煤工作面得分。

表3-1　煤矿采煤标准化评分表

项目	项目内容	基　本　要　求	标准分值	评　分　方　法	得分
一、基础管理（15分）	监测	1. 采煤工作面实行顶板动态和支护质量监测；进、回风巷实行围岩变形观测，锚杆支护有顶板离层监测； 2. 监测观测有记录，记录数据符合实际； 3. 异常情况有处理意见并落实； 4. 对观测数据进行规律分析，有分析结果	3	查现场和资料。未监测或观测不得分；其余不符合要求1处扣0.5分	
	规程措施	1. 作业规程符合《煤矿安全规程》等要求；采煤工作面地质条件发生变化时，及时修改作业规程或补充安全技术措施； 2. 矿总工程师至少每两个月组织对作业规程及贯彻实施情况进行复审，且有复审意见； 3. 工作面安装、初次放顶、强制放顶、收尾、回撤、过地质构造带、过老巷、过煤柱、过冒顶区、过钻孔、过陷落柱等，以及托伪顶开采时，制定安全技术措施并组织实施；	5	查现场和资料。内容不全，缺1项扣1分，1项不符合要求扣0.5分	

表 3-1（续）

项目	项目内容	基 本 要 求	标准分值	评 分 方 法	得分
一、 基础 管理 （15 分）	规程 措施	4. 作业规程中支护方式的选择、支护强度的计算有依据； 5. 作业规程中各种附图完整规范； 6. 放顶煤开采工作面开采设计制定有防瓦斯、防灭火、防水等灾害治理专项安全技术措施，并按规定进行审批和验收	5	查现场和资料。内容不全，缺 1 项扣 1 分，1 项不符合要求扣 0.5 分	
	管理 制度	1. 有工作面顶板管理制度，有支护质量检查、顶板动态监测和分析制度； 2. 有采煤作业规程编制、审批、复审、贯彻、实施制度； 3. 有工作面机械设备检修保养制度，乳化液泵站管理制度，文明生产管理制度，工作面支护材料、设备、配件备用制度等	3	查资料。制度不全，缺 1 项扣 1 分，1 项不符合要求扣 0.5 分	
	支护 材料	支护材料有管理台账，单体液压支柱完好，使用 8 个月应进行检修和压力试验，记录齐全；现场备用支护材料和备件符合作业规程要求	2	查现场和资料。不符合要求 1 处扣 0.5 分	
	采煤 机械化	采煤工作面采用机械化开采	1.5	查现场。未使用机械化开采不得分	
	系统 优化	采用"一井一面"或"一井两面"生产模式	0.5	查现场。未采用不得分	
二、 质量与 安全 （50 分）	顶板 管理	1. 工作面液压支架初撑力不低于额定值的80%，现场每台支架有检测仪表；单体液压支柱初撑力符合《煤矿安全规程》要求	4	查现场。沿工作面均匀选 10 个点现场测定，1 点不符合要求扣 0.5 分	
		2. 工作面支架中心距（支柱间排距）偏差不超过 100 mm，侧护板正常使用，架间间隙不超过 100 mm（单体支柱间距偏差不超过 100 mm）；支架（支柱）不超高使用，支架（支柱）高度与采高相匹配，控制在作业规程规定的范围内，支架的活柱行程余量不小于 200 mm（企业特殊定制支架、支柱以其技术指标为准）	4	查现场。沿工作面均匀选 10 个点现场测定，1 点不符合要求扣 1 分	
		3. 液压支架接顶严实，相邻支架（支柱）顶梁平整，无明显错茬（不超过顶梁侧护板高的 2/3），支架不挤不咬；采高大于 3.0 m 或片帮严重时，应有防片帮措施；支架前梁（伸缩梁）梁端至煤壁顶板垮落高度不大于 300 mm。高档普采（炮采）工作面机道梁端至煤壁顶板垮落高度不大于 200 mm，超过 200 mm 时采取有效措施	2	查现场和资料。不符合要求 1 处扣 1 分	
		4. 支架顶梁与顶板平行，最大仰俯角不大于 7°（遇断层、构造带、应力集中区在保证支护强度条件下，应满足作业规程或专项安全措施要求）；支架垂直顶底板，歪斜角不大于 5°；支柱迎山角符合作业规程规定	2	查现场和资料。不符合要求 1 处扣 0.5 分	

表 3-1（续）

项目	项目内容	基 本 要 求	标准分值	评 分 方 法	得分
二、质量与安全（50分）	顶板管理	5. 工作面液压支架（支柱顶梁）端面距符合作业规程规定。工作面"三直一平"，液压支架（支柱）排成一条直线，其偏差不超过 50 mm。工作面伞檐长度大于 1 m 时，其最大突出部分，薄煤层不超过 150 mm，中厚以上煤层不超过 200 mm；伞檐长度在 1 m 及以下时，最突出部分薄煤层不超过 200 mm，中厚煤层不超过 250 mm	4	查现场和资料。不符合要求 1 处扣 1 分	
		6. 工作面内液压支架（支柱）编号管理，牌号清晰	2	查现场。不符合要求 1 处扣 0.5 分	
		7. 工作面内特殊支护齐全；进回风巷工作面端头处及时退锚；顶板不垮落、悬顶距离超过作业规程规定的，停止采煤，采取人工强制放顶或者其他措施进行处理	2	查现场和资料。1 处不符合要求不得分	
		8. 不随意留顶煤、底煤开采，留顶煤、托夹矸开采时，制定专项措施	2	查现场和资料。不符合要求 1 处扣 0.5 分，无专项措施不得分	
		9. 工作面因顶板破碎或分层开采，需要铺设假顶时，按照作业规程的规定执行	2	查现场和资料。不符合要求 1 处扣 0.5 分	
		10. 工作面控顶范围内顶底板移近量按采高不大于 100 mm/m；底板松软时，支柱应穿柱鞋，钻底小于 100 mm；工作面顶板不应出现台阶式下沉	2	查现场。不符合要求 1 处扣 0.5 分	
		11. 坚持开展工作面工程质量、顶板管理、规程落实情况的班评估工作，记录齐全，并放置在井下指定地点	2	查现场和资料。未进行班评估不得分，记录不符合要求 1 处扣 0.5 分	
	安全出口与端头支护	1. 工作面安全出口畅通，人行道宽度不小于 0.8 m，综采（放）工作面安全出口高度不低于 1.8 m，其他工作面不低于 1.6 m。工作面两端第一组支架与巷道支护间净距不大于 0.5 m，单体支柱初撑力符合《煤矿安全规程》规定	4	查现场。1 处不符合要求不得分	
		2. 冲击地压矿井使用工作面端头支架、两巷超前支护液压支架和吸能装置	1	查现场。1 处不符合要求不得分	
		3. 进、回风巷超前支护距离不小于 20 m，支柱柱距、排距允许偏差不大于 100 mm，支护形式符合作业规程规定；进、回风巷与工作面放顶线放齐（沿空留巷除外），控顶距应在作业规程中规定；挡矸有效	4	查现场和资料。超前支护距离不符合要求不得分，其他不符合要求 1 处扣 0.5 分	
		4. 架棚巷道采用超前替棚的，超前替棚距离，锚杆、锚索支护巷道退锚距离符合作业规程规定	2	查现场和资料。不符合要求 1 处扣 0.5 分	

表 3-1（续）

项目	项目内容	基 本 要 求	标准分值	评 分 方 法	得分
二、质量与安全（50分）	安全设施	1. 各转载点有喷雾降尘装置，带式输送机机头、乳化液泵站、配电点等场所消防设施齐全	3	查现场。1 处不符合要求扣0.5 分	
		2. 设备转动外露部位、溜煤眼及煤仓上口等人员通过的地点有可靠的安全防护设施	2	查现场。1 处不符合要求不得分	
		3. 单体液压支柱有防倒措施；工作面倾角大于15°时，液压支架有防倒、防滑措施，其他设备有防滑措施；倾角大于25°时，有防止煤（矸）窜出伤人的措施	3	查现场。不符合要求1 处扣1 分	
		4. 行人通过的刮板输送机机尾设盖板；带式输送机行人跨越处有过桥；工作面刮板输送机信号闭锁符合要求	2	查现场。不符合要求1 处扣0.5 分	
		5. 破碎机安全防护装置齐全有效	1	查现场。不符合要求不得分	
三、机电设备（20分）	设备选型	1. 支护装备（泵站、支架及支柱）满足设计要求	2	查现场和资料。不符合要求不得分	
		2. 生产装备选型、配套合理，满足设计生产能力需要	2	查现场和资料。不符合要求不得分	
		3. 电气设备满足生产、支护装备安全运行的需要	2	查现场和资料。不符合要求不得分	
	设备管理	1. 泵站： （1）乳化液泵站完好，乳化液泵站压力综采（放）工作面不小于 30 MPa，炮采、高档普采工作面不小于 18 MPa，乳化液（浓缩液）浓度符合产品技术标准要求，并在作业规程中明确规定； （2）液压系统无漏、窜液，部件无缺损，管路无挤压，连接销使用规范；注液枪完好，控制阀有效； （3）采用电液阀控制时，净化水装置运行正常，水质、水量满足要求； （4）各种液压设备及辅件合格、齐全、完好，控制阀有效，耐压等级符合要求，操纵阀手把有限位装置	4	查现场和资料。不符合要求1 处扣1 分	
		2. 采（刨）煤机： （1）采（刨）煤机完好； （2）采煤机有停止工作面刮板输送机的闭锁装置； （3）采（刨）煤机设置甲烷断电仪或者便携式甲烷检测报警仪，且灵敏可靠； （4）采（刨）煤机截齿、喷雾装置、冷却系统符合规定，内外喷雾有效； （5）采（刨）煤机电气保护齐全可靠； （6）刨煤机工作面至少每隔 30 m 装设能随时停止刨头和刮板输送机的装置或向刨煤机司机发送信号的装置；有刨头位置指示器； （7）大中型采煤机使用软启动控制装置； （8）采煤机具备遥控功能	3	查现场和资料。第（1）~（6）项不符合要求1 处扣0.5分，第（7）~（8）项不符合要求1 处扣0.1 分	

表 3 - 1（续）

项目	项目内容	基 本 要 求	标准分值	评 分 方 法	得分
三、机电设备（20分）	设备管理	3. 刮板输送机、转载机、破碎机： （1）刮板输送机、转载机、破碎机完好； （2）使用刨煤机采煤、工作面倾角大于12°时，配套的刮板输送机装设防滑、锚固装置； （3）刮板输送机机头、机尾固定可靠； （4）刮板输送机、转载机、破碎机的减速器与电动机采用软连接或软启动控制，液力偶合器不使用可燃性传动介质（调速型液力偶合器不受此限），使用合格的易熔塞和防爆片； （5）刮板输送机安设有能发出停止和启动信号的装置； （6）刮板输送机、转载机、破碎机电气保护齐全可靠，电机采用水冷方式时，水量、水压符合要求	2	查现场和资料。不符合要求1处扣0.5分	
		4. 带式输送机： （1）带式输送机完好，机架、托辊齐全完好，胶带不跑偏； （2）带式输送机电气保护齐全可靠； （3）带式输送机的减速器与电动机采用软连接或软启动控制，液力偶合器不使用可燃性传动介质（调速型液力偶合器不受此限），并使用合格的易熔塞和防爆片； （4）使用阻燃、抗静电胶带，有防打滑、防堆煤、防跑偏、防撕裂保护装置，有温度、烟雾监测装置，有自动洒水装置； （5）带式输送机机头、机尾固定牢固，机头有防护栏，有消防设施，机尾使用挡煤板，有防护罩；在大于16°的斜巷中带式输送机设置防护网，并采取防止物料下滑、滚落等安全措施； （6）连续运输系统有连锁、闭锁控制装置，机头、机尾及全线安设通信和信号装置，安设间距不超过200 m； （7）上运式带式输送机装设防逆转装置和制动装置，下运式带式输送机装设软制动装置和防超速保护装置； （8）带式输送机安设沿线有效的急停装置； （9）带式输送机系统宜采用无人值守集中综合智能控制方式	2	查现场和资料。第（1）~（8）项不符合要求1处扣0.5分，第（9）项不符合要求扣0.1分	
		5. 辅助运输设备完好，制动可靠，安设符合要求，声光信号齐全；轨道铺设符合要求；钢丝绳及其使用符合《煤矿安全规程》要求，检验合格	1	查现场。不符合要求1处扣0.5分	
		6. 通信系统畅通可靠，工作面每隔15 m及变电站、乳化液泵站、各转载点有语音通信装置；监测、监控设备运行正常，安设位置符合规定	1	查现场。不符合要求1处扣0.5分	
		7. 小型电器排列整齐，干净整洁，性能完好；机电设备表面干净，无浮煤积尘；移动变电站完好；接地线安设规范；开关上架，电气设备不被淋水；移动电缆有吊挂、拖曳装置	1	查现场。1处不符合要求不得分	

表 3-1（续）

项目	项目内容	基 本 要 求	标准分值	评 分 方 法	得分
四、职工素质及岗位规范（5分）	管理技术人员	1. 区（队）管理和技术人员掌握相关的岗位职责、管理制度、技术措施	1	查现场和资料。对照岗位职责、管理制度和技术措施，随机抽考 1 名管理或技术人员 2 个问题，1 个问题回答错误扣 0.5 分	
	作业人员	2. 班组长及现场作业人员严格执行本岗位安全生产责任制；掌握本岗位相应的操作规程、安全措施；规范操作，无"三违"行为；作业前进行岗位安全风险辨识及安全确认；零星工程施工有针对性措施、有管理人员跟班	4	查现场。发现"三违"不得分，对照岗位安全生产责任制、操作规程和安全措施随机抽考 2 名特种作业人员和岗位人员各 1 个问题，1 人回答错误扣 0.5 分；随机抽查 2 名特种作业人员或岗位人员现场实操，不执行岗位责任制、不规范操作或不进行岗位安全风险辨识及安全确认 1 人扣 0.5 分；其他不符合要求 1 处扣 1 分	
五、文明生产（10分）	面外环境	1. 电缆、管线吊挂整齐，泵站、休息地点、油脂库、带式输送机机头和机尾等场所有照明；图牌板（工作面布置图、设备布置图、通风系统图、监测通信系统图、供电系统图、工作面支护示意图、正规作业循环图表、避灾路线图，炮采工作面增设的炮眼布置图、爆破说明书等）齐全，清晰整洁；巷道每隔 100 m 设置醒目的里程标志	2	查现场。不符合要求 1 项扣 0.5 分	
		2. 进、回风巷支护完整，无失修巷道；设备、物料与胶带、轨道等的安全距离符合规定，设备上方与顶板净距离不小于 0.3 m	3	查现场。不符合要求 1 项扣 0.5 分	
		3. 巷道及硐室底板平整，无浮矸及杂物，无淤泥，无积水；管路、设备无积尘；物料分类码放整齐，有标志牌，设备、物料放置地点与通风设施距离大于 5 m	2	查现场。不符合要求 1 项扣 0.5 分	
	面内环境	工作面内管路敷设整齐，液压支架内无浮煤、积矸，照明符合规定	3	查现场。不符合要求 1 项扣 0.5 分	
附加项（2分）	技术进步	采用智能化采煤工作面，生产时作业人数不超过 5 人	2	查现场。符合要求得 2 分	

得分合计：

第五节　单体液压支柱架设要求

支护工应熟悉采煤工作面顶底板特征、作业规程规定的顶板控制方式、支护形式和支护参数，掌握支柱与顶梁的特性和使用方法并按下列要求进行操作。

一、安全要求

（1）进入工作地点后，先检查本人工作范围内的支柱和顶板情况，换掉歪扭、失效等不合格支柱，将顶板插严背实，确保本人工作范围内的支护安全可靠。

（2）支柱工的升柱、挂梁、刨柱窝等所有操作，无特殊情况时，要站在倾斜上方操作。

（3）所有柱、梁、注液阀、圆销、扁销、水平销的方向要一致。

（4）在乳化液泵停开期间，严禁对承载支柱进行降柱操作。

（5）进行支护前，必须在完好支护保护下，用长把工具敲帮问顶，清理悬矸危岩和松动的煤帮。

（6）随时观察工作面动态，发现大量支柱卸载或钻底严重、顶板来压显现强烈或出现台阶下沉等现象时，必须立即发出警报，撤出所有人员。

（7）按作业规程规定进行背顶和铺、联网。

（8）顶梁前的余网量不得小于 0.3 m。

（9）严禁使用失效和损坏的支柱、顶梁和柱鞋。

（10）顶梁与顶板应平整接触，若顶板不平或局部冒顶时，必须用木料背实。

（11）不准将支柱架设在浮煤、浮矸上，坚硬顶板要刨柱窝、麻面；底板松软时，支柱必须穿柱鞋。

（12）必须根据支护高度的变化，选用相应高度的支柱。单体液压支柱支设高度应小于支柱设计最大高度 0.1 m，最小高度应大于支柱设计最小高度 0.2 m，严禁超高支设。

（13）不准站在输送机上或跨着正在运转的输送机进行支护。

（14）调整顶梁、架设支柱时，其下方 5 m 内不准有人。

（15）临时支柱的位置应不妨碍架设基本支柱。基本支柱架设好前，不准回撤临时支柱。

（16）支柱与其他工序平行作业的距离必须符合作业规程规定，一般支柱与回柱间隔距离不小于 15 m，支设支柱与推移输送机的距离不大于 15 m，其他工序的平行作业距离必须符合作业规程要求。

（17）不得用手镐或其他工具代替卸载手柄。

（18）在用单体液压支柱三用阀不得正对人行道，以防三用阀崩出伤人。

（19）支设单体液压支柱三用阀不得正对他人或自己。

二、操作准备

（1）备齐注液枪、卸载手柄、锹、镐等工具并检查工具是否完好、牢固可靠。

（2）检查液压管路是否完好。

（3）检查工作地点的顶板、煤帮和支护是否符合质量要求，发现问题及时处理。

三、操作要求

（1）架设支柱程序。量好排、柱间距，清理柱窝，竖立支柱，用注液枪清洗三用阀里的煤粉，将注液枪卡套卡紧注液阀，供液升柱。

① 支护时必须两人配合作业。一人将支柱对号入座，支在实底（或柱鞋）上，手心向上抓好支柱手把，扳动注液枪冲洗阀嘴，内注式支柱插上摇柄上下摇动，将支柱升起。

② 另一人查看顶板，扶好顶梁和水平销，防止水平销从顶梁缺口掉下砸人。

③ 支柱升紧前把顶梁调正，使之垂直煤壁。柱与柱之间要用绳拴好，防止倒柱伤人。

④ 注液枪用完后应挂在支柱手把上，禁止将注液枪抛在底板上，禁止用注液枪砸三用阀，同时禁止注液枪高压管缠绕打结或被煤矸埋住。

（2）架设金属铰接顶梁支柱程序。挂梁（使用顶网的先挂网）、插水平销、背顶、打紧水平销。

（3）架设Ⅱ型钢梁支柱程序。Ⅱ型钢梁一般成对使用，分为主梁和副梁。工作面落煤后，先将主梁支柱卸载，向前窜主梁，按排柱要求，打齐一梁三柱，再全面打齐贴帮支柱，所有主梁形成一梁三柱后开始串副梁。

（4）操作时应符合下列规定：

① 挂网时将网展开拉直，按作业规程要求联网。

② 挂梁支柱时，每组不少于两人，一人站在支架完整处，两手抓住铰接顶梁将其插入已安设好的顶梁两耳中，另一人站在人行道，插上顶梁圆销，并用锤将销打到位。

③ 插水平销时，先将顶梁托起，然后从下向上将水平销插入，使梁与顶板之间留一定间隙（0.1~0.2 m）或按作业规程规定执行相应操作。

④ Ⅱ型钢梁支护时，每组不少于两人，爆破后要及时移主梁、插背板，防止冒顶。底眼爆破完后及时打贴帮支柱，只有整个工作面打齐贴帮支柱，所有主梁形成一梁三柱后方可开始移副梁。

移副梁（放顶）：主梁移完后，及时打底眼装药爆破后，人员进入先找掉矸，然后及时攉煤加补主梁贴帮柱，支柱按要求打好后，逐个回收副梁采空区支柱，将副梁与主梁并齐，升紧支柱。

向前移梁，必须使Ⅱ型钢梁保持平顺，歪扭、受力不均时要及时整改。移梁必须按照规定顺序进行，保证移梁宽度一致，严禁乱移。人员严禁站在主梁采空区侧支柱与副梁采空区侧支柱之间操作。为防止Ⅱ型钢梁旋扭，支柱与钢梁必须面接触，四爪卡牢。

⑤ 竖支柱前，要按作业规程规定确定柱位，清理浮煤，刨柱窝、麻面，支柱需穿鞋时，放柱鞋。

⑥ 支柱时，人员要站在支柱上方操作。架设支柱时，一人扶支柱，将手柄体和注液阀调整到规定位置。一人用注液枪清洗三用阀，然后将注液枪卡套卡紧注液阀，开动手柄均匀供液升柱，使柱爪卡住梁牙或柱帽，供液使支柱达到规定初撑力为止。

⑦ 升柱后要及时拴好防倒绳。

⑧ 单体液压支柱架设工作结束后，必须对初撑力达不到要求的支柱进行二次注液。

（5）应按作业规程要求及时铺网、挂梁、支设临时支柱和贴帮柱。

（6）顶板破碎、煤壁片帮严重时，应掏梁窝挂梁，提前支护顶板。

第六节　人工顶板与再生顶板

一、人工顶板

分层开采时为阻挡上分层垮落矸石进入工作空间而铺设的隔离层叫人工顶板。人工顶板按结构分为片式和网式两种；片式人工顶板有木板、竹笆和荆笆 3 种；网式人工顶板有金属网、塑料网和镀塑金属网 3 种。

木板人工顶板在 20 世纪 50 年代比较盛行，现因木材资源有限及强度较低、易腐朽等缺点已被淘汰。目前，使用比较普遍的是金属网、塑料网和镀塑金属网人工顶板。有些矿区就地取材，充分利用当地资源，采用竹笆或荆笆做人工顶板的材料，获得了良好的技术经济效果。

二、再生顶板

分层开采时上分层垮落矸石自然固结或人工胶结而形成的顶板叫再生顶板。

再生顶板是通过压实与胶结两个过程形成的。当垮落的岩块含泥质成分较高时，可用洒水的办法使之表面泥化，产生胶结作用。岩块不含泥质成分时，可在开采过程中向采空区灌黄泥浆使其胶结。

压实是受上层顶板岩石压力长期作用的结果，一般需要 4~6 个月甚至 1 年的时间才能压实，即开采上下两个分层的时间差。如果有形成良好再生顶板的条件，可以不必铺设人工顶板，直接开采下一个分层。一般的人工顶板都是铺设金属网，有铺设底网和铺设顶网两种铺设方法。

底网是将金属网片铺在采煤工作面的底板上，采煤时只能支设临时支柱维护顶板，铺网时撤除，铺完网后再支设基本支柱和移设刮板输送机。铺底网的缺点是工序复杂、效率低、非生产时间长，而且经常造成金属网的破坏；同时临时支柱对顶板支持不利，所以此种方法应用较少，应用较多的是铺顶网。

铺顶网就是将金属网片铺在支架的顶梁上，使网片在煤壁侧探出梁头，每次铺网只需将网片与探头网联结在一起，然后在网下支设支架将网片支到顶梁上。这种铺网方法工序简化、效率高、进度快，同时不影响支护工作的正常进行，网片还可起到护顶的作用。

三、铺网和联网

1. 网片材质和规格

网片一般用镀锌铁丝网、塑料网和镀塑金属网，金属网有编织和焊接的，网孔一般有菱形网孔和方形孔。网片规格由于各矿区地质条件和设备不同，网片大小和孔大小也不一样。

2. 网片的铺法

网片人工顶板有铺底网和铺顶网两种方法，铺底网就是将网片铺在采煤工作面的底板，采煤时只能支设临时支柱维护顶板，铺网时撤除，铺完网后再支设基本支柱和移输送机。因此，铺底网工序复杂、效率低、非生产时间长，对维护顶板不利，很少被采用，最常用的是铺顶网。铺顶网就是将网片铺在支架顶梁上边，使网片在煤壁侧探出梁头，每次铺网只需将网片与探头网边连接，然后在网下支设支架，将网片支到梁上，使网片继续探出梁头即可，此方法特点是工序简化、效率高、速度快、不影响及时支护，网片还可起到护顶作用。

3. 铺顶网和联网方法

在掘进工作面两巷和开切眼时，就在巷道支架的顶梁上顺着掘进方向铺好顶网，网边要延伸到巷道两帮，开切眼两端的网片还要和上下两巷的网片连接，工作面开采后第一次铺网时，对未采动的煤壁处连接一段网片并卷好，以便回收开切眼支架后，使垮落的矸石压牢网片。网片宽度要与采煤进度相适应，达到每破煤、装煤一次联顶网一次、挂一次顶梁的要求，顶网铺设方法如图3－17所示。

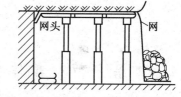

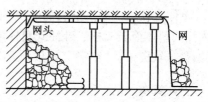

图3－17 顶网铺设方法

开采多分层的顶层工作面需要铺双层网片，铺网方法同前。但需要上层网片超前于下层网片，以免上层网被下层遮盖不好联结，工作面两端头的顶网一定与两巷的顶网联结成一体。

网片联结必须做到两片网互相搭接0.1~0.2 m并将搭接部分用铁丝联结在一起，防止下分层开采放顶网时刮破。铺双网时，两层网的接头顺网长度方向要错开1 m以上；顺宽度方向要错开0.2~0.4 m以上。联结的网扣用0.4 m长的14号镀锌铁丝拧成双股，每隔1~2个网眼将网边搭接部分双重经线或纬线，用特制的小铁钩将双股网扣铁丝绕3圈拧3个扣并将剩余的铁丝头窝在网内。

第四章

工作面支护器材及使用

第一节 单体支柱工作面支护器材及材料

单体支柱工作面支护材料主要有坑木（圆木、半圆木、方木、塘材等）、单体支柱（内注式单体液压支柱、外注式单体液压支柱）、金属顶梁（包括工字钢、金属铰接顶梁、长钢梁、双楔梁、"十字"铰接顶梁等）等。

一、坑木

（一）坑木的特点

煤矿井下做支护用的木材叫坑木，它是井下常用的一种支护材料，用途广泛，便于加工使用。优点是与其他支护材料同体积相比，质量轻，便于运输，方便加工，在顶板来压时，能发出可见信号，如发现变形、裂开、折断等情况时，可以及时加强支护，使用结束回收后，通过加工可再利用，如加工成木楔、垫板等支护辅助材料。缺点是抗压强度低，工作面顶板下沉量大，顶板事故多，安全性差；在井下潮湿条件下容易腐烂，降低其抗压强度；另外还易燃，在发生火灾时能使火情加速蔓延。

坑木在井下使用极为广泛，使用的地方不同，需用的直径（粗细）和长度（长短）也各不相同。井下常用的有圆木、半圆木、方木。

坑木的规格是以坑木的小头直径（cm）和长度（m）的尺寸表示的。如工作面采高2.2 m，则使用小头直径20~22 cm、长度2.2~2.4 m的原木，领料单坑木规格栏内填写"20×2.2"原木；如扶棚作梁的半圆木，长度为3.2 m，领料单坑木规格栏内填写"22×3.2"半圆木。如钉道用的轨道的枕木，领料单坑木规格栏内填写"22×1.2"方木。

（二）坑木的材质与性能

树种不同，其材质与性能各不相同。坑木的材质是指木材的年轮、结构、纹理、密度和软硬程度等；性能是指加工难易、变形、腐朽、光泽、花纹美观等。

（三）坑木的强度

按顺纹受压（立柱）有抗压强度、抗拉强度与抗剪强度；按坑木的横向（木梁）受压有抗弯曲强度。树种不同坑木的强度指标也不相同。

（四）坑木的防火与防腐处理

因为木材易燃和腐朽，所以在井下特殊地点使用时，必须进行防火或防腐处理，处理方法如下：

（1）木材的防火处理。处理方法有隔离热源和涂防火剂两种。隔离热源是使木材构件与热源之间用砖、石棉或金属材料做成隔离层；涂防火剂是用磷酸铵、硼砂等防火剂经高温软化后，遮盖木材表面或用水玻璃涂刷木材表面，以达到防火的目的。

（2）木材的防腐处理。木材的防腐处理一般用油质防腐剂涂刷或喷射表面 2~3 遍，或者将木材浸渍于经加热的防腐剂中。一般防腐剂都有毒并有臭味。

二、单体液压支柱

（一）分类

1. 按用途分类

（1）通用型支柱。在一般条件下使用。

（2）重型支柱。在特殊条件下使用。

2. 按升柱时工作液循环方式分类

（1）内注式单体液压支柱。工作液压油在机体内形成闭路循环。

（2）外注式单体液压支柱。从泵站供给乳化液，通过注液枪注入支柱。

外注式单体液压支柱有 DZ、PDZ 两种型号；内注式单体液压支柱的型号是 NDZ。型号中的字母代表的意义：D—单体；Z—支柱；N—内注式；P—炮采工作面。

3. 按材质分类

（1）热轧低碳合金钢单体液压支柱。

（2）冷拔低碳合金钢单体液压支柱。

（3）轻金属合金钢单体液压支柱。

我国单体液压支柱有两种类型，分别为内注式与外注式。两种支柱的工作原理、性能等基本相同。

（二）单体液压支柱的结构

1. 内注式单体液压支柱

目前，我国生产的 NDZ 型内注式单体液压支柱主要由顶盖、通气阀、安全阀、活柱体、油缸体、活塞、卸载手把等零部件组成，如图 4-1 所示。内注式单体液压支柱还需要手摇泵注液，内注式单体液压支柱的升柱和对顶板的初撑力是用手摇泵获得的，手摇泵有单级泵和双级泵两种。

（1）顶盖。单体液压支柱顶盖是将顶板岩石压力传递到支柱上的零件，利用顶盖上的柱爪卡住顶梁，可防止顶板来压时支柱滑倒。

（2）通气阀。内注式单体液压支柱操作中需要吸进和排出空气，这一要求是靠通气装置实现的。NDZ 型支柱采用重力式通气阀，它是靠钢球的重力动作的。升柱时，空气经阀芯与阀体之间的间隙进入活柱内腔，补充随着支柱升高活柱内腔存油量减少所需要的空气；回柱时，油缸中的液压油排入活柱内腔，活柱内腔多余的空气经通气阀排出。

（3）单向阀。单向阀只允许液体单方向流动，单体液压支柱正常工作时，单向阀关闭；升柱时，单向阀打开。活柱内腔贮存的液压油经它压入油缸。

（4）活塞。活塞是密封油缸和活柱运动时导向用的，其上装有单向阀和部分手摇泵零件。

（5）活柱体。活柱体是单体液压支柱上部承压杆件，顶板岩石对支柱的压力经它传给油缸和底座。

（6）油缸体。油缸体是支柱下部承载件，回采工作面的顶板压力经它传给底板，共平底座、球形底座和大底座3种形式，球形底座使用较广。

（7）手把体。手把体通过连接钢丝装在油缸上，便于支柱搬运和回收。

（8）卸载工具。分为卸载装置和卸载手把，能互换，根据需要选用。

2. 外注式单体液压支柱

外注式单体液压支柱结构简单，零件少，加工维修比较方便。主要零部件有顶盖、三向阀、活柱体、油缸、复位弹簧，其结构如图4-2所示。

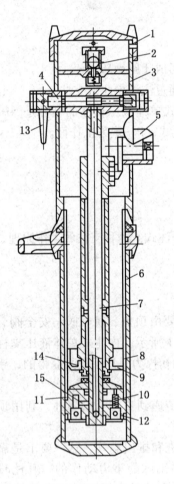 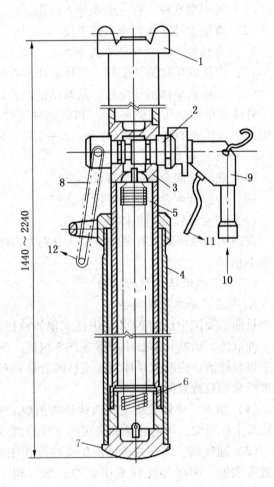

1—顶盖；2—通气阀；3—活柱体；4—安全阀；
5—手把体；6—油缸体；7—中心管；8—活塞；
9—阻尼孔；10—进液阀；11—活塞；12—单
向阀；13—卸载手把；14—间隙；15—环形槽

图4-1　内注式单体液压
支柱结构示意图

1—顶盖；2—三向阀；3—活柱体；4—油缸；
5—复位弹簧；6—活塞；7—底座；8—卸载
手把；9—注液枪；10—泵站供液；11—注液
时操作手把方向；12—卸载时动作方向

图4-2　DZ型外注式单体液压
支柱结构示意图

（1）顶盖。单体液压支柱顶盖是将顶板岩石压力传递到支柱上的零件，利用顶盖上的柱爪卡住顶梁，可防止顶板来压时支柱滑倒。

（2）三向阀。由单向阀、卸载阀和安全阀3部分组成的油阀是外柱式单体液压支柱的心脏，将3个阀组装在一起，便于更换和维修，其结构如图4-3所示。

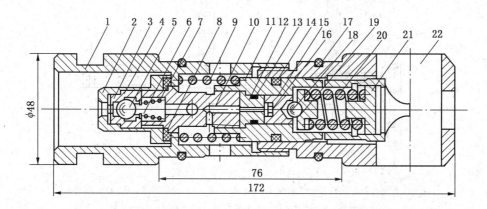

1—左阀筒；2—注液阀体；3—限位套；4—单向阀垫；5—钢球；6—固定螺套；7—单向阀弹簧；8—卸载阀垫；
9—卸载阀弹簧；10—连接螺杆；11—阀套；12—安全阀座；13、14、17—"O"形密封圈；15—阀芯；
16—安全阀垫；18—六角导向垫；19—弹簧座；20—安全阀弹簧；21—调压螺丝；22—右阀筒

图4-3　三向阀

安全阀就是能保持支柱恒阻性并能保护其不致超载损坏的阀件，其结构如图4-4所示。

（3）复位弹簧。复位弹簧一头挂在柱头上，另一头挂在底座上，使它具有一定预紧力。复位弹簧可加快支柱下降的速度。

（4）管路系统。主要由注液枪、截止阀、三通、过滤器、高压胶管等组成，如图4-5所示。

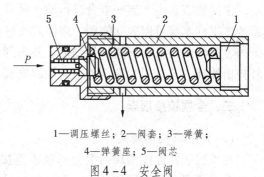

1—调压螺丝；2—阀套；3—弹簧；
4—弹簧座；5—阀芯

图4-4　安全阀

（三）单体液压支柱的优缺点

单体液压支柱与摩擦金属支柱相比，对采煤工作面顶板支护有着突出的优越性，主要表现在：初撑力高、恒阻性能，即在顶板下沉量很小的情况下支柱即可达到额定工作阻力；支柱承载力均匀；支、回柱速度快，确保安全生产、降低辅助材料消耗等。

1. 外注式单体液压支柱优缺点

其主要优点是结构比较简单，零部件少，易于维修，支柱的关键部件是油阀，与支柱组装于一体，拆装便利，井下一般可立即更换。初撑力靠泵站压力获得，可靠性高。升柱速度高于手工作业的内注式支柱，一般要高3~4倍，支柱的支设效率高。

主要缺点是工作面供液来自外部，离开了泵站和管路，外注式液压单体支柱不能单独使用。回柱时，必须将内腔的乳化液排放到外面，不能回收复用，因而提高了成本。排出的乳化液流到工作面底板上还会使底板岩面变软，支柱底座易插入，不能很好地发挥支柱

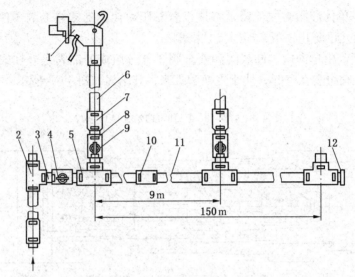

1—注液枪；2—三通；3—中间接头；4—截止阀；5—异径三通；6、11—软管；

7—过滤器；8—卡子；9—支管截止阀；10—直通；12—丝堵

图4-5 管路系统图

支护效果。

2. 内注式单体液压支柱优缺点

主要优点是由于支柱本身进行液压循环，不需从外部供液，节省了乳化液泵站及管道系统，支柱本身可以独立使用。内注式支柱的三用阀分别装设在支架内腔，可以防止煤粉等外界脏物的污染，阀类不易受损。其内部形成闭路循环，仅需补充微量油耗，不会向柱外排出油液，节约了油液，也不会浸湿底板，劳动条件有所改善。

三、金属铰接顶梁

(一) 金属铰接顶梁

在采煤工作面能实现两根金属顶梁连接形成悬臂式，以支护机道（或炮道）裸露顶板的金属顶梁叫金属铰接顶梁，是目前炮采工作面以及采煤工作面顺槽超前加强支护广泛应用的金属顶梁，如图4-6所示。

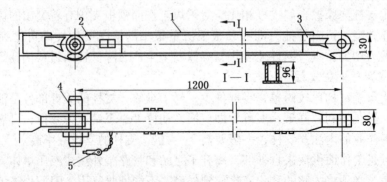

1—梁身；2—耳子；3—接头；4—销子；5—楔子

图4-6 铰接顶梁结构示意图

表示铰接顶梁的型号为 HDJA，按其长度规格有 HDJA – 800、HDJA – 900、HDJA – 1000 及 HDJA – 1200 四种，HDJA – 1000、HDJA – 1200 型号后面的数字表示铰接顶梁两连接孔的中心距，单位为毫米（mm），应用较广泛，其技术特征见表 4 – 1。

表 4 – 1　金属铰接顶梁技术特征

规格		HDJA – 800	HDJA – 900	HDJA – 1000	HDJA – 1200
顶梁长度（两销孔间距）/mm		800	900	1000	1200
高度	接头高/mm	130	130	130	130
	梁身高/mm	96	96	96	96
宽度/mm		80	80	80	80
两根顶梁相对调整角度	水平面角/(°)	±3	±4	±5	±6
	垂直面角/(°)	±7	±8	±9	±10
两支点间距 500 mm 时，中点允许载荷/t		343	343	343	343
悬臂 1.3 m 时端部准许载荷/t		22.5		19.6	16.2
质量/kg		22.1	23.4	25.2	28.3

铰接顶梁的选用原则是根据采煤工作面的循环进度来确定的，铰接顶梁的长度一般是循环进度的倍数。比如某炮采工作面每循环进度为 1000 mm，就选用 HDJA – 1000 型铰接顶梁；又如某普采工作面煤机截深为 600 mm，就选用 HDJA – 1200 型铰接顶梁。

（二）金属铰接顶梁的优缺点及适用条件

1. 金属铰接顶梁优点

（1）强度大，适用范围广。按简支梁方式布置，跨距 700 mm 时，梁体对中载荷承载能力为 250 kN，铰接部位弯矩为 20 kN·m，这样的承载能力在我国大部分煤层都适用。

（2）与木梁相比，铰接顶梁不容易损坏，能多次使用，节约坑木，降低支护费用。

（3）操作方便，能实现悬臂支护，维护机道或炮道的安全。

（4）加工工艺简单，价格低。

2. 金属铰接顶梁缺点

（1）重量较重，工人操作消耗体力大，尤其在顶压较小或薄煤层工作面使用显得笨重。

（2）结构不尽合理，焊缝在断面的四角上，梁体较高，易发生扭曲变形或开焊。

（3）使用不当，或突然顶压增大时，可能会发生飞楔伤人事故。

（4）与额定工作阻力较高的单体液压支柱配套使用时顶梁损坏率较高。

3. 金属铰接顶梁的适用条件

（1）煤层倾角在 25°以下，采高在 1 m 以上的单体支护采煤工作面。

（2）煤层顶板比较平整及没有较大原生阶梯落差的顶板。

（3）配合使用的单体支柱必须是铰接式的活顶盖或球面型顶盖。

（4）适用于各种顶板控制方法的支护。

（5）适用于各类煤机落煤或爆破落煤的条件。

四、金属长梁

（一）金属长梁的特点

金属长梁，也叫长钢梁，是一种没有接头和耳子的刚性梁，采用对棚布置，交替迈步前移。它能及时支护裸露的顶板，减少顶板下沉量，解决了顶网下沉和出现网兜影响生产的问题。它能使放顶工作简化，放顶距可减少到 600 mm，移架时就完成了放顶工作，可使移梁回柱、放顶、支护 3 个工序同时进行，既节省时间又提高了工作效率。

（二）金属长梁的适用范围

金属长梁只能与单体液压支柱配合使用，适用于煤层倾角小于 20°、采高 1.8 ~ 2.4 m、顶板较平整的采煤工作面、金属网人工顶板下分层工作面及端头或两巷超前支护等。

在采煤工作面使用的金属长梁分 HCD 型系列 4 种产品，其结构是使用两根 Ⅱ 型梁对焊或用 4 块扁钢组焊而成。金属长梁主要技术特征见表 4 - 2。

表 4 - 2 金 属 长 梁 技 术 特 征

型号	长梁尺寸/mm			整体调质	承载能力/kN	断面系数/cm²		线质量/(kg·m⁻¹)
	长	宽	高	硬度		W_x	W_y	
HCDA	2000 ~ 4000	80	95.5	290 ~ 340	250 ~ 350	62.4	26.6	17.58
HCDB	2000 ~ 4000	83	90	290 ~ 340	300 ~ 350	68.66	46.55	20.6
HCDC	2000 ~ 4000	83	70	290 ~ 340	200 ~ 250	44.02	32.25	15.94
HCDD	2000 ~ 4000	83	55	290 ~ 340	150 ~ 200	26.42	23.79	12.5

五、"十字"铰接顶梁

（一）"十字"铰接顶梁的结构与特点

在纵向和横向均可实现铰接连接的"十字"金属顶梁，其结构由主梁、副梁和销子组成，如图 4 - 7 所示，它可以增加支架稳定性和整体性。SHD 型十字顶梁主要技术特征见表 4 - 3。

梁体由 4 块轧制的扁钢组焊而成。梁体的一端焊有左右两块耳子，耳子上面有锥形销孔和突出体。突出体上的豁口用于顶梁悬臂时插入调节楔。梁体的另一端焊有接头，接头上也有锥形销子孔和突出体。

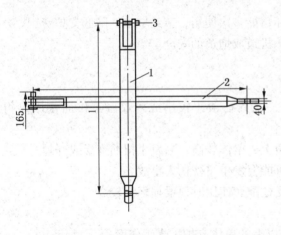

1—主梁；2—副梁；3—销子
图 4 - 7 "十字"金属顶梁

表4-3 SHD型十字顶梁主要技术特征

型 号	长度/mm				宽度/mm		高度/mm	
	主梁		副梁		梁体	铰接部	梁体	铰接部
	销孔中心距	全长	销孔中心距	全长				
SHD500*500	500	590	500	590	102	165	95.5	138
SHD600*600	600	690	600	690	102	165	95.5	138
SHD1000*700	1000	1090	700	790	102	165	95.5	138

型 号	许用弯矩/(kN·m)		梁体承载能力/kN	调整角度/(°)		质量/kg
	梁体	铰接部		上下	左右	
SHD500*500	≥40	20	≥300	≥7	≥7	29.9
SHD600*600	≥40	20	≥300	≥7	≥7	33
SHD1000*700	≥40	20	≥300	≥7	≥7	43.5

(二)"十字"铰接顶梁的使用地点

十字铰接顶梁通常用于采煤工作面的上下端头支护和上下两巷出口的超前支护。也适用于倾角比较大的采煤工作面以及顶板比较破碎的中厚煤层工作面。

为适应不平整的工作面顶板，利用调节楔子楔进量的大小，可使顶梁具有向上或向下不小于7°的调节角度。为纠正工作面每列顶梁在接长方向和工作面推进方向出现的偏斜，顶梁向左或向右各有不小于3°的调整角度。

"十字"铰接顶梁的特点是整体性能好，稳定性强，安全可靠，不易发生顶板事故。它可以单独使用也可以与HDJA型铰接顶梁配合使用。缺点是顶板不平时顶梁铰接难度大，操作难度大，支设质量不易掌握，顶梁较重，工人劳动强度大。

六、矿用工字钢

在采煤工作面使用的工字钢是煤矿支护专用的工字钢，其截面形状如图4-8所示。

工字钢常用的有9号、11号、12号三种型号（常用的是11号），高度分别为90 mm、110 mm、120 mm。其截面尺寸与机械性能见表4-4。

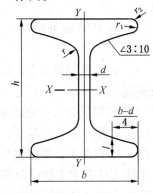

h—高度；b—腿宽；
d—腰宽；l—平均腿厚
图4-8 工字钢截面形状示意图

表4-4 矿用工字钢截面尺寸与机械性能

型号	h/mm	b/mm	d/mm	l/mm	截面积/cm²
9	90±2	76±2.5	8±0.8	10.8	22.54
11	110±2	90±2.5	9±0.8	14.1	33.18
12	120±2	95±2.5	11±0.8	15.3	39.7

表 4-4（续）

型号	线质量/ (kg·m^{-1})	钢种	机械性能（不低于）		
			屈服点/MPa	抗拉强度/MPa	伸长率/%
9	17.69	A_5	274	510	21
11	26.05	A_6	304	608	16
12	31.18	16Mn	343	510	21

第二节　单体支柱的使用

在采煤工作面用支柱、顶梁或其他形式的个体支护物，对顶板进行支护的工艺叫单体支护。单体支护所用的支柱叫单体支柱，如单体液压支柱。

一、对单体支柱的基本要求

（1）有足够的刚度和强度，能承受控顶区内直接顶岩层的重量，有效控制工作面的顶板。

（2）有足够的可缩性（即让压性），以适应基本顶下沉的需要，防止支柱过载而破坏。

（3）有较大的初撑力，能减少顶板暴露时的离层和变形，炮采工作面爆破时支柱不致被崩倒。

（4）使用寿命长，能够多次回收和复用。

（5）性能可靠、质量轻，支设、回柱方便。

（6）结构简单，维修量少，价格便宜。

单体支柱有木支柱、金属摩擦支柱、单体液压支柱（内注式和外注式）等，木支柱、金属摩擦支柱已被国家明令禁止使用，而能满足上述条件的只有单体液压支柱，这种支柱在炮采工作面和高档普采工作面以及综采工作面上下出口和两道超前支护时被广泛使用。

二、单体液压支柱支设方法

一人在倾斜上方抓住支柱的手把，将支柱立在柱位上，另一人拿住注液枪，在支柱斜下方转动支柱，使注液阀朝下或采空区斜下方，然后冲洗注液阀煤粉，将注液枪卡套卡紧注液阀，开动手把，供液升柱，使柱爪卡住梁牙，供液升柱到规定初撑力为止，退下注液枪，挂在支柱手把上。

三、支设单体液压支柱的注意事项

（1）支柱架设前应先检查零部件是否齐全，柱体有无弯曲、缺件、漏液等现象，不合格的支柱不得使用。使用的支柱必须达到完好状态。

（2）支柱必须站立存放，支柱支设前必须检查液压系统、油枪。

（3）不同性能的支柱不准混合使用。

（4）工作面支柱均应编号管理，防止丢失。

（5）新下井的支柱或长期不使用的支柱，使用时应按最大行程升 1～2 次，排净腔内的空气后方可支设。

（6）外注式支柱支设前，必须用注液枪冲洗注液阀体，防止煤粉等污物进入支柱内腔。

（7）支柱支设时应根据煤层倾角大小及顶板受力方向，设一定量的迎山角。

（8）单体液压支柱支设的最大高度应小于支柱设计最大高度（0.1 m），支设的最小高度应大于支柱设计最小高度（0.2 m）。

（9）外注式支柱接顶后，继续供液 4～5 s 再切断液源，以保证初撑力。

（10）顶盖掉爪损坏的支柱，不允许继续使用。

（11）支柱顶盖与顶梁结合严密，不准单爪承载。

（12）支柱作点柱使用时，应在顶盖上垫木板，也叫戴帽，禁止顶盖柱爪直接与顶板接触。

（13）采高突然变化超过支柱最大高度时，应及时更换相应规格的支柱，不得采取在支柱底部垫木板、矸石等临时措施支设。

（14）工作面初次放顶时，应采取相应的技术措施，增加支柱的稳定性，防止推倒和压坏支柱。

（15）中厚煤层和急倾斜煤层工作面人行道两侧支柱应采取安全措施，如采用联结器或拴绳等措施，防止失效支柱倒柱伤人。

（16）禁止用锤、镐等物件猛击支柱的任何部位，搬运支柱时不许碰撞，以免损坏支柱。

（17）对压死的支柱要打好临时支柱，通过挑顶、卧底取出。

（18）工作面备用支柱量应保持占工作面使用支柱总量的 10% 左右。

四、铰接顶梁与单体液压支柱配套的操作

工作面采煤机割煤（或爆破）后，立即挂上金属铰接顶梁，维护机（炮）道裸露出的顶板。当推移输送机后，按照支护设计的排距、柱距要求，清理底板浮煤浮矸，将液压支柱立好，用液压枪升柱，保证达到规定的初撑力后，才能停止操作，拔出注液枪再支设下一根支柱。操作中必须注意支护的规格质量，保证横成排、竖成线，不合规格的支柱必须改正。工作面支柱应实行"对号入座""牌板管理"与顶梁配套使用的管理制度。在现阶段一些高产工作面，对单体液压支柱的支设与管理，实行分段承包是行之有效的办法。

五、单体液压支柱架棚操作及其注意事项

（一）操作顺序

挂梁→插调角楔→背顶→清理和定柱位→立柱→供液升柱（使用顶网的工作面应先挂网后，再按其操作）。

（1）挂梁。一人站在支架完整处两手抓住铰接顶梁将之插入已安设好的顶梁两耳中，另一人站在人行道，插上顶梁圆销并用锤将圆销打到位。

（2）插调角楔。将顶梁托起，由下向上插入调角楔，使梁与顶板留有 0.1～0.15 m 的间隙。

（3）背顶。按要求在支架顶梁上，将背顶材料交叉背好并用锤打紧水平楔。

（4）清理和定柱位。按照作业规程的要求确定支柱位置，清扫柱位浮煤，凿柱位成麻面，需穿鞋时，将鞋平放在柱位上。

（5）立柱与升柱。一人在倾斜上方抓支柱的手把将支柱立在柱位上，另一人拿好注液枪站在支柱下方，转动支柱使注液阀向下，然后冲洗注液阀内煤粉，将注液枪卡套紧注液阀，开动手把供液升柱，使柱爪卡住梁牙，供液达到规定初撑力为止，退下注液枪并挂在支柱手把上，使支柱与梁连成一体。

（二）注意事项

（1）支护必须符合作业规程的规定，确保一梁一柱，严禁单梁单柱支护（也叫单脚棚）。

（2）挂铰接顶梁时，顶梁应摆平并垂直于煤壁；单柱支护要达到作业规程要求的迎山角。

（3）跟机挂梁时，人应站在两支柱间空档内进行操作，当采高大于 2.0 m 操作有困难时，人员可站在专用站台上进行操作，必须在已挂好的顶梁掩护下操作并随时敲帮问顶。

（4）挂梁后应及时按规定支设临时支柱，机采工作面如发现顶板破碎，压力大时要立即通知机组司机停机，待处理好顶板后再割煤。

（5）追机支护距离应符合作业规程的规定。

（6）采用预挂顶梁维护顶板的炮采工作面，每次爆破后，要及时挂梁控制顶板或按规定支设临时支柱。

（7）调角水平楔子必须水平插入顶梁牙口内，不允许垂直插入，正常情况下的插入方向是小头朝工作面上方，禁止用木楔或其他物品代替调角楔。

（8）升柱时，应用手托住调角楔并随升柱及时插紧，当支柱升紧后，必须用锤将调角楔打紧。

（9）临时支柱位置应不妨碍架设基本支柱，基本支柱未架设好，不准回撤临时支柱。

（10）顶板破碎、片帮严重地点，应掏梁窝挂梁，提前支护顶板。

（11）支护时要注意附近工作人员的安全和保护好各种管线，要按规定留出炮道或机道。

（12）爆破后崩倒的支架，必须及时支设好。

第三节　注液枪的使用

注液枪是将乳化液注入外注式单体液压支柱的工具，它安装在供液管路的终端，结构如图 4-9 所示。

注液枪的使用方法是将高压管路接在枪体直管上，不操作时由单向阀控制液体不外流。升柱时将注液枪插入三用阀左套筒内，用锁紧套卡在三用阀筒槽内，防止供液时高压液体将注液枪推出。然后搬动手把，迫使顶杆推开钢球，高压乳化液进入三用阀，顶开三用阀中的单向阀进入支柱的下腔，使支柱达到初撑力后，松开手把注液枪单向阀关闭，拔

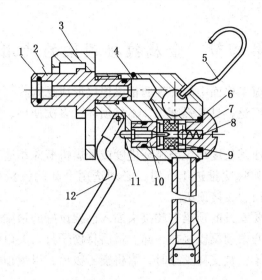

1—"O"形封圈；2—注液管；3—锁紧套；4—阀组；5—挂钩；6—钢球；
7—压紧杆；8—弹簧；9—单向阀座；10—隔离套；11—顶杆；12—手把

图 4-9　注液枪结构示意图

下注液枪再支设另一根支柱。注液枪不用时，用挂钩挂在支柱把手上或不从三用阀上拔下来，不能放在底板上，以免煤粉堵塞进液通道或损坏密封而漏液，DZ 型单体液压支柱工作原理如图 4-10 所示。

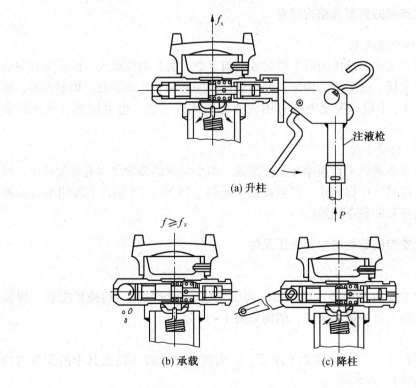

图 4-10　DZ 型单体液压支柱工作原理示意图

第四节 金属铰接顶梁的使用

金属铰接顶梁在采煤工作面中能实现两根梁连接形成悬臂式，支护机道或炮道裸露顶板，它的适用范围比较广泛，具有强度大、不易损坏、多次使用、操作方便、加工工艺简单、价格低等优点。

铰接顶梁的选用应使其长度与爆破循环进度或采煤机截深相适应，即与工作面每次推进度相同或成整倍数。如每次推进 1 m 时，必须选用 1 m 的铰接顶梁，当截深为 0.6 m 时，则必须选用 1.2 m 长的铰接顶梁。

架设顶梁时，先将要安设的顶梁右端接头插入已架设好的顶梁一端的耳子中，然后用销子穿上并固紧，以使两根顶梁铰接在一起。最后将楔子打入夹口中，顶梁就可以悬臂支撑顶板。待新支设的顶梁已被支柱支撑时，需将楔子拔出，以免顶板下沉将楔子咬死。

第五节 滑移顶梁支架

滑移顶梁支架是一种介于单体液压支柱和液压支架之间的支护设备。最初用它来代替单体液压支柱和铰接顶梁，以减轻工人的劳动强度，提高架设效率，减少支柱丢失。后来为了简化操作，避免大量乳化液流失，将滑移支架的操作由注液枪控制改为操纵阀集中控制。

一、滑移顶梁支架的类型及结构特点

（一）单列滑移顶梁支架

单列滑移顶梁支架的顶梁由前后 2 根梁或由前、中、后 3 根梁组成。前后梁及中后梁之间均由弹簧钢板连接。前后梁的伸缩由装在梁体内的移架千斤顶实现。根据需要，顶梁下面的液压支柱为 1~3 根，控制方式可用注液枪和卸载手把，也可用组合操纵阀集中控制。

（二）并列滑移顶梁支架

并列滑移顶梁支架两列平行顶梁和立柱组成。两个并列的顶梁之间有移架机构，可实现两个梁交替迈步前移。根据需要，每组顶梁下面的立柱为 2~3 根，主要用组合操纵阀控制，也可用注液枪和卸载手把操纵。

二、滑移顶梁支架的结构与主要液压元件

1. 架体结构

滑移顶梁支架主要由前顶梁、后顶梁、前梁立柱、后梁立柱、后掩护支柱、弹簧钢板、水平推移千斤顶和防护板等组成，结构如图 4-11 所示。

2. 主要液压元件

主要液压元件有立柱、水平推移千斤顶、三用阀、缸口阀（注意其中的卸载阀与三用阀中卸载阀的差异）、双向阀。

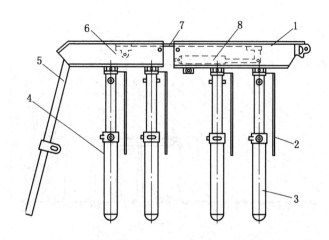

1—前顶梁；2—防护板；3—前梁立柱；4—后梁立柱；5—后掩护柱；
6—后顶梁；7—弹簧钢板；8—水平推移千斤顶

图 4-11 滑移顶梁支架结构示意图

三、滑移顶梁支架支护顶板的操作程序

清理机道，用推溜千斤顶推移输送机，如图 4-12a、图 4-12b 所示；用卸载手把打开前梁支柱的卸载阀，用注液枪先后提起前梁下两根液压支柱，如图 4-12c 所示，前梁与支柱悬吊于弹簧钢板上；经双向阀向水平推移千斤顶内供液，移前梁（借弹簧钢板导向）到位后用注液枪升前柱，给顶板一定的初撑力支撑顶板，如图 4-12d、图 4-12e 所示；用卸载手把使后梁支柱卸载，用注液枪提起后梁下支柱，将其悬吊在弹簧板上，如图 4-12f 所示；再经双向阀水平推移千斤顶供液使后梁向前移动，如图 4-12g 所示；再用注液枪升后柱，使后梁、后柱支撑顶板，完成整个支护过程，如图 4-12h 所示。

滑移顶梁支架适用于倾角小于 20°、采高大于 2 m 的工作面，也可以用于放顶煤工

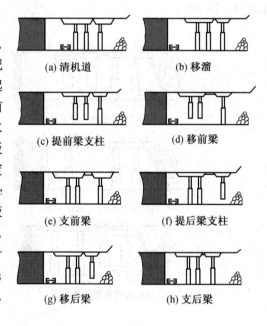

(a) 清机道　　　　(b) 移溜

(c) 提前梁支柱　　(d) 移前梁

(e) 支前梁　　　　(f) 提后梁支柱

(g) 移后梁　　　　(h) 支后梁

图 4-12 滑移顶梁支架操作程序

作面，在顶梁上铺设金属网，在后梁下面铺设刮板输送机，放顶煤时把网剪破，放出顶煤由后部输送机运出工作面，如图 4-13 所示。放完顶煤后，再按程序向前移溜、移架支护顶板。

四、四柱式滑移顶梁支架移架程序

四柱式滑移顶梁支架移架程序包括：后柱支撑，提前柱；后柱支撑，移前梁；后柱支

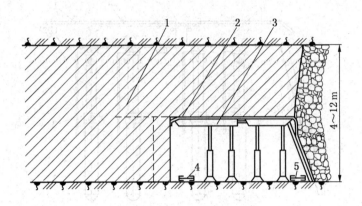

1—顶煤；2—顶网；3—滑移顶梁支架；
4—工作面输送机；5—放顶煤输送机

图4-13 滑移顶梁支架放顶煤工作面

撑，支撑前柱；前柱支撑，提后柱；前柱支撑，移后梁；前柱支撑，支撑后柱。移架程序如图4-14所示。

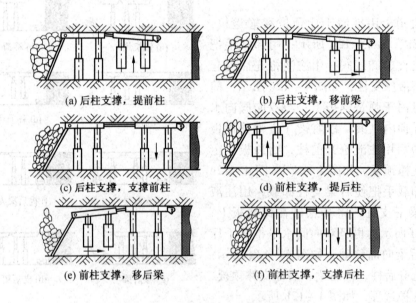

图4-14 滑移顶梁支架的移架程序示意图

第六节 急倾斜煤层掩护支架

掩护式支架是开采急倾斜煤层用的一种特殊支架，它同时具有以下作用：

（1）隔离采空区，防止矸石窜入工作面内。

（2）支撑煤层顶板和底板，控制其移动。

（3）保护工作人员和设备的安全。

（4）用作悬吊生产设备的支架。

急倾斜掩护式支架采煤法从根本上解决了工作面支柱、回柱的笨重体力劳动，煤炭自溜，不用人工攉煤，减轻了工人劳动强度；工人在掩护支架下工作，工作安全；采区巷道掘进量小，煤炭损失小，资源回收率高；通风系统简单，坑木消耗少；采煤工作面工序简单，管理方便。因此，急倾斜掩护式支架在急倾斜煤层回采中得到了广泛应用。

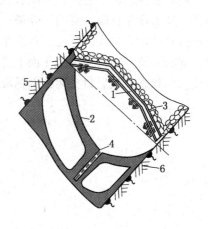

1—掩护支架；2—工作面；3—采空区；
4—溜煤眼；5—顶板；6—底板

图 4-15　急倾斜煤层掩护支架支护

掩护支架的特点是支架下无支柱，以煤壁为基础，支撑于工作面上方，形成防护顶盖，如图 4-15 所示。支架由多种部件组成，各部件互相连接，单元间的空隙被封盖，使支架形成一封闭的隔离带，支架在自重和外力的作用下，随工作面的推进整体沿工作面的顶底向下移动。

急倾斜煤层掩护支架工作面一般布置成伪斜，因此随工作面的推进，要不停地在工作面上巷加支架、在下巷撤支架。急倾斜煤层掩护支架回采工艺分为准备回采、正常回采和收尾 3 个阶段，如图 4-16 所示。准备回采就是在回风平巷内安装掩护支架并逐步下放成伪斜工作面，为正常回采做准备；正常回采就是在回采过程中，除了在掩护支架下回采

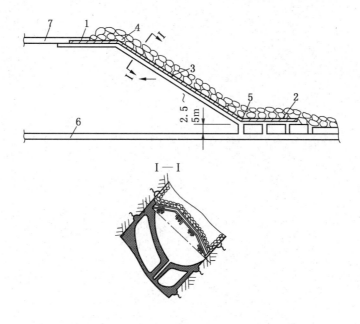

1—支架安装阶段；2—支架回收阶段；3—支架正常工作阶段；
4—上拐点；5—下拐点；6—运输巷；7—回风巷

图 4-16　急倾斜掩护式支架工作面平面图

外，同时要在回风平巷接长支架和在工作面下端拆除支架，在支架下采煤。目前，主要用炮采，其工序是打眼、装药、爆破、铺溜槽出煤、调整支架等内容；收尾工作就是当工作面推进到区段终采线附近时，在终采线靠工作面一侧掘进两条收尾上山眼，然后加大工作面上部的下放步距，缩小工作面下部的尺寸，同时逐渐缩小工作面长度和伪倾斜角，直到变成水平状态，最后将支架全部拆除。

第五章

采煤工作面回柱放顶

第一节 采煤工作面回柱放顶操作要求

支护工必须熟悉采煤工作面作业规程、顶板控制方法及支柱特性，掌握工作面顶底板岩性及厚度等参数并按下列要求进行操作。

一、安全要求

（1）回柱放顶时，必须 2～3 人一组，一人回柱放顶，一人观察顶板及支架周围情况。观察人员除协助回柱外，不得兼做其他工作，严禁单人独自操作。

（2）回柱时支护工必须站在支柱的斜上方且是支架完整、无崩柱、断绳抽人的安全地点，使用长柄工具卸载。

（3）回柱放顶应由下往上，由采空区向工作面的顺序进行回撤，严禁提前摘柱和进入采空区作业。

（4）回柱与支柱、割煤的距离及分段回柱时的分段距离均不得小于 15 m。

（5）工作面初次放顶、结束放顶或出现大面积悬顶等情况时，除按安全措施执行外，必须在区（队）长、技术员和矿安监员现场监督指导下操作，工作面初次放顶必须由初次放顶领导小组人员在现场监督指导。

（6）工作面局部压力较大时，如遇断层、破碎带、老巷等，回柱要在区（队）长的监督指导下操作并严格执行作业规程和补充措施的各项规定。

（7）工作面的基本和特种支护歪扭，质量不合格，有空顶、漏顶或没有按规定架设特殊支架时，必须及时处理或整修，达到质量要求、安全可靠后，方可回柱放顶。

（8）回撤每一颗支柱前，都必须选择并清理好退路。

（9）采用人工分段回柱时，开口和收尾必须选择在顶板较好、支架完整的安全地点并打上收尾支柱，做好处理工作。严禁采用平均分配分段长度的方法确定开口、收尾位置。

（10）工作面有冒顶预兆时，严禁回柱放顶，必须将所有人员撤离工作面，待顶板稳定并经区（队）长、班长检查及处理后，方准人员进入工作面作业。

（11）在有冲击地压危险煤层工作面回柱时，如发现煤爆频繁、煤壁片帮、顶板断裂大等冲击地压危险预兆时，必须立即停止回柱，发出警号，将所有人员撤到安全地点。

（12）回出的支柱应将其支撑在作业规程指定的位置并全部承载，工作面不得有空载支柱。顶梁和各种材料必须按品种规格码放整齐，不得堵住人行道和安全出口或埋入矸石中。

（13）工作面使用两台绞车同时回柱作业时，不准在同一排距内有两根钢丝绳同时运行，每台绞车分别使用各自的信号线，如果下部绞车安设在工作面内，绞车附近支柱的回收方法应按作业规程规定执行。

（14）严禁采用拉大网的方法进行回柱，严禁使用工作面输送机和顺槽刮板输送机回柱。

（15）有下列情况之一，不得回柱放顶：

① 支护不完整或退路不畅通时。

② 回柱附近其他人员未按规定撤离时。

③ 上分层工作面未按规定注水而本层又无降尘措施或网下采煤破网未补时。

④ 悬顶超过规定未采取措施或工作面有来压冒顶预兆时。

⑤ 特殊支架没有按作业规程规定提前架设好时。

⑥ 放顶分段距离小于作业规程规定距离时。

⑦ 回孤柱没有架设临时支柱时。

⑧ 有窜矸可能，但没有挂好支柱时。

⑨ 急倾斜工作面放顶的下方没有设挡矸栏。

二、准备工作

（1）备齐注液枪、卸载手柄、锤、斧子、镐、钩、钎等工具和必备材料。

（2）检查工作区域内的各种支护材料和顶板冒落情况有无异常现象，各安全出口是否畅通。发现问题必须及时妥善处理，否则不准进行回柱放顶操作。

（3）选择好分段开口、收尾位置。

三、正常操作

（1）人工回柱放顶：

① 按作业规程规定的距离和质量要求，架设特殊支架后拆除原特殊支架。

② 按作业规程规定在分段开口处架设好收尾支柱，收尾支柱不得少于2根。

③ 在新切顶线的梁柱靠采空区侧挂好挡矸帘。

④ 在需要回撤顶梁的煤壁侧顶梁上从下往上插好水平销并打紧。

⑤ 回柱工站在回柱的斜上方进行回柱。用卸载手柄慢慢使支柱卸载，取出支柱后支设在作业规程规定位置。

⑥ 回梁时，站在支柱完整的斜上方，用锤打脱水平销后再将梁的圆销打脱，使该梁脱离连接后取出。

⑦ 回收各种背顶材料，码放到指定地点后，方可继续回柱放顶。

（2）绞车回柱放顶：

① 按作业规程规定的距离和质量要求，架设特殊支架后，拆除原特殊支架，运到指定地点码放整齐。

②在新切顶线的梁柱靠采空区侧挂好挡矸帘。

③信号工发出松绳信号，回柱工从上往下拖主绳，下放到位后，发出停止信号。

④用绳套拴好要回的支柱并与主绳钩连接。

⑤回柱工站在回柱的斜上方进行回柱，用卸载手柄慢慢使支柱卸载。

⑥回梁时，用锤敲打梁的圆销，使该梁脱离连接。往外拖梁时与回柱操作相同。

⑦用长柄工具回收各种背顶材料，放到指定位置后，方可继续回收。

（3）回柱放顶工做到"三勤、两高"，即勤拴、勤拉、勤拣，回收率高、复用率高。

（4）当采高大于顶梁长度时，先回柱后回梁，即回收完支柱后，再打掉水平销和梁的圆销，使顶梁落下并拖出。

（5）遇难回、难取的支柱和梁时，处理前先打好临时护身柱或替柱，最后将替柱回出。

（6）难回支柱的处理。

①顶板压力大、易掉顶时，要打上临时支柱以控制顶板，然后采用挑顶、卧底的方法进行回撤，严禁采用爆破或用绞车生拉硬拽的方法进行回撤。

②当支柱顶着岩块不能下缩岩块又不好处理时，待顶板稳定后，将柱脚用镐刨开，用敲棍来回转动直到将柱回出。

（7）支设支柱或挂梁前要详细检查顶板周围情况，判断安全后，方可支设支柱和挂梁，迅速将绳套在大钩上，严禁将绳套拴在活柱体上。

（8）不得用手镐或其他工具代替卸载手柄卸载，严禁击打油缸。

（9）如支柱三用阀损坏或活柱被压不能卸载时，不得生拉硬拽，必须采用挑顶、卧底或打临时木柱支撑顶板，将单体液压支柱回收。

四、特殊操作

（1）回收上下顺槽支柱时应按照由采空区向煤壁、先柱后梁的顺序依次进行，最大滞后距离应符合作业规程的规定。

（2）按作业规程规定补齐新切顶线一排应支设的支柱。回撤出的各种材料，应当班清理、码放在指定地点。

五、收尾工作

（1）回收的柱、梁和背顶材料要按作业规程规定支设或码放整齐。柱梁如有丢失、损坏，应如实汇报具体编号，以便及时补充。

（2）将回收的折梁断柱、废料或失效柱、顶梁及时运出工作面并码放整齐。

（3）对放顶区域内进行全面检查，发现有审矸处，必须用材料挡矸。

（4）向接班人或班长交代工作情况及支柱、顶梁的数量。

第二节　急倾斜采煤工作面顶板管理

急倾斜煤层由于煤层倾角大，在开采技术上和支护方法上与缓倾斜、倾斜煤层有较大差别。发生在急倾斜采煤工作面顶底板事故是一般性的局部冒顶事故，而且多发生在回柱作业过程中。发生事故的原因多数是由于片帮、端头控顶面积过大或支护强度不够、过断层和在无支护区作业等。另外由于急倾斜煤层采煤方法复杂，回采工艺和支护技术落后，也是引发的顶底板事故较多一个主要原因。因此明确在急倾斜煤层开采过程中，煤层顶底板矿压显现规律，在支护、回柱放顶过程中，采取必要的措施，就可以避免事故的发生。

一、急倾斜采煤工作面矿压显现

急斜煤层开采后，围岩移动和破坏的影响范围与缓倾斜煤层相比，将向采空区上部边界偏移。随着倾角增大，这种影响更为显著，当倾角大于55°时，垮落带和断裂带的最大高度一般能波及采空区上部边界，如图5-1a所示。当倾角大于70°时，上方边界煤柱有向下片落的可能并使底板发生明显的位移和破坏，在底板形成抛物线形的卸载带，如图5-1b所示。所以在急倾斜煤层工作面内，不但要防止顶板事故的发生，同时也必须注意预防底板事故的发生。

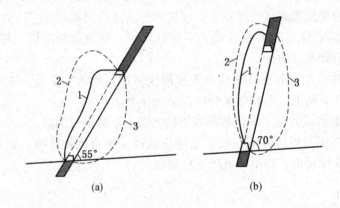

1—垮落带；2—断裂带；3—底板卸载带

图5-1 急倾斜煤层围岩移动和破坏范围

二、急倾斜采煤工作面顶板管理措施

急倾斜采煤工作面由于倾角大，管理难度比较大，不仅要管理好顶板，也要注意底板的管理，因此必须注意以下几点：

（1）查明工作面直接顶、基本顶、底板岩层的厚度、岩性、煤的硬度等，因为它们都直接影响着围岩状态。

（2）正确确定合理的支护强度。因急倾斜煤层顶板岩石重力垂直层面的分力较缓倾斜煤层的分力小，顶板垂直层面方向的移动量也小，相应的工作面支柱承受的载荷也较小。所以支架除支撑顶板的作用力外，还应注重支架向下倾斜的问题，加强支架的稳定性，同时还应采取措施防止底板滑动。这就要求支柱必须打紧，软底必须下底梁防止底板岩石下滑。

（3）正确选择工作面支护方式和采空区处理方法，也是预防顶底板事故的重要环节。在倒台阶及单一走向长壁工作面防止放顶垮落的矸石撞倒支架，要打好木垛或密集支柱，挂好挡矸帘。悬顶超过规定时，应采取强制放顶或溜放矸石充填采空区的措施。

（4）根据煤层倾角不同，选择不同的迎山角（在作业规程中有明确规定），工作面架设木垛时，四角都要打好立柱。

（5）回柱放顶时，要坚持由采空区向工作面，由下向上，先单排后双排的回柱顺序。分段错茬放顶时，每个分段在靠煤帮侧与靠采空区侧均要架设安全护顶板及脚手板。上段回柱 15～20 m 以上，下段才准回柱。一般先移设木垛后回柱；若顶板破碎则需移设一个木垛，回一段支柱。

（6）严禁回柱地点上下方 15～20 m 内与回柱平行作业或有人坐卧休息。回柱绞车开动时，人员一律撤到回柱地点上方 15～20 m 以外安全地点。回柱距上下出口 15～20 m 时，人员全部撤到上下两巷内，上下出口至少要打一架超前棚。

第三节　回柱绞车的使用

为了保障回柱工人的安全，提高回柱效率和质量而使用回柱机具回柱，常用的回柱机具主要有拔柱器、手摇式回柱器和回柱绞车，而在这几种回柱机具中，回柱绞车是比较安全的一种。下面就介绍几种回柱绞车的使用方法。

一、JH－5（JH－8）绞车的搬运

绞车在下井前必须进行试运转，确认运转正常后，方可运往工作地点。

绞车一般采用整体搬运。如果在急倾斜层矿井中受到小断面限制，可将绞车拆开，分成电动机、减速机、底座、卷筒 4 大部分搬运。但对各处的配合孔应用专制盖板封住，防止灰尘、杂物进入箱内。外露的齿轮和轴头也需包好，严防擦伤。

二、JH－5（JH－8）绞车安装、固定、操作和后移

由于绞车须随采煤工作面的推进而经常移动，要求固定支护方法简便、可靠、安全。因而采用打顶柱和拴绳的方法，绞车安装示意如图 5－2 所示。

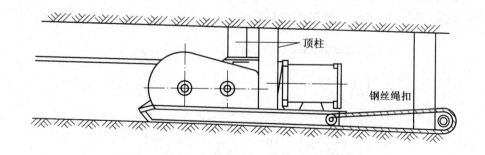

图 5－2　JH－5（JH－8）绞车安装示意图

绞车后面的钢丝绳扣可拴在横木上或拴在桩脚上。应点动开车将绳拉紧，再打两根压柱，压柱上端应向前倾斜 10°左右。

在煤层倾角小、顶板较好的工作面，绞车可直接安装在工作面上回柱，如果工作面长度在 100 m 以上可用两台或多台绞车，分别安装在工作面各分段上，各分段同时回柱。

在急倾斜煤层工作面上，绞车可安装在回风巷道中，钢丝绳通过导向滑轮进入工作面回柱。

绞车安装好后，应进行回柱试车，看绞车的安装是否牢固，安全电气设备的接地是否良好、可靠，绞车运转是否正常。

绞车进行回柱操作时，司机按动电钮控制绞车的正反转及停车。司机与回柱工人要有信号联络，密切配合，司机在操作过程中，要时刻注意信号，观察绞车工作情况并帮助排绳。同时要经常检查钢丝绳使用情况，保证安全。

绞车在每次回柱后，须沿排柱或沿巷道退移。后移的方法，将钢丝绳拉到绞车后方拴在固定木柱上（木柱必须打牢固），开动绞车便可自移，绞车后移示意如图 5 - 3 所示。

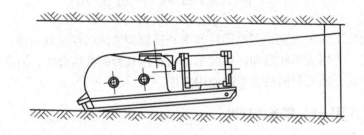

图 5 - 3　JH - 5（JH - 8）绞车后移示意图

三、JH - 20 回柱绞车在井下的固定方法

负载试验合格后，方能进行回柱等工作。

在安装时必须注意将安装处底板上的浮煤、碎石清理干净，直到露出岩石为止并且应使地基平坦，无凹凸现象，最后用支柱将绞车牢牢地固定在顶板和底板之间。

固定绞车的方法可参见图 5 - 4，用 6 根支柱来固定，绞车前面的两根支柱与巷道底板成 75°夹角，后面的两根支柱与巷道底板成 70°～80°的交角，中间两根支柱与底板垂

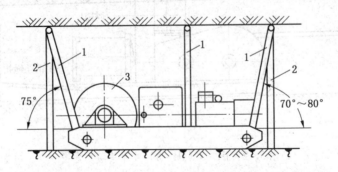

1—固定绞车木柱；2—棚架；3—绞车

图 5 - 4　JH - 20 回柱绞车安装固定示意图

直，每根支柱的下端都支撑在绞车底座的大槽钢（或专门焊接的柱窝）上，上端支撑在巷道的顶板上，也可加设地锚和借助 6 个 $\phi26$ mm 的底脚孔进行固定。如果用单体液压支柱做压柱，必须戴木帽。

四、JH-20 回柱绞车在井下的安设位置

JH-20 回柱绞车的安设位置大体有以下两种。

1. 第一种位置

安设在回风道上，离工作面 20~30 m，如图 5-5 所示，这种方法在任何回采工作面都适用，特别适用于急倾斜或倾斜煤层采用台阶式采煤方法的工作面。

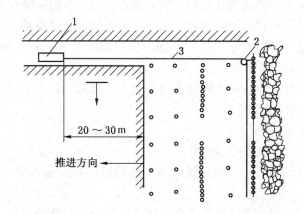

1—绞车；2—滑轮；3—钢丝绳

图 5-5 JH-20 绞车在回风巷上的布置示意图

绞车滚筒上的钢丝绳（回柱的主绳）经过回风巷一直延伸到靠近密集支柱的孔道，然后绕过滑轮改变方向进入工作面。

2. 第二种位置

回柱绞车安设在回采工作面上部，紧靠回风巷上部煤柱和老密集支柱，绞车机体与工作面平行，其布置示意图可参见图 5-6。这种方法适用于顶板较好，煤层倾角较小的回采工作面，工作面长度如果超过绞车容绳量，这样工作面回柱工作量大，用一台绞车不能保证在规定时间内回撤全部支柱时，可安设 2 台甚至 3 台，分段同时回柱。一台安设在工

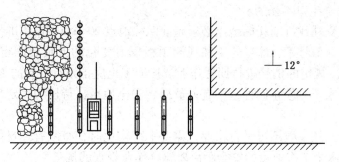

图 5-6 JH-20 绞车在回采工作面上的布置示意图

作面上部，回撤上半部工作面的支柱，另外一台安设在工作面中部，紧靠老密集支柱，回撤下半部工作面的支柱。安设 2 台绞车时，如果煤层倾角超过 15°，在上半部工作面撤支柱以前，必须先在分界处打密集支柱或设置挡板，防止上半部回撤支柱后顶板塌落，岩石沿煤层底板滚落到下半部工作面上，砸坏绞车及压柱而造成事故。

五、操作回柱绞车

（一）开车前必须认真检查的内容

（1）检查各部螺栓、销子等有无松动、脱落情况。检查支撑柱是否牢固，发现松动要及时撑紧。

（2）检查机座有无开裂或明显变形。安装是否牢固，否则应继续加固压稳。

（3）检查各电气设备和信号装置是否完好，是否符合防爆要求。

（4）检查钢丝绳在滚筒上固定是否牢固、排列是否整齐、断丝磨损程度是否超过规定，有无咬伤、打结等现象。

（5）开车前应检查绞车与回柱导轮之间有无人员站立，若有必须让其躲开。

（二）运行中必须注意的事项

（1）开车前必须松开手闸。

（2）认真听清信号，无信号不准开车。

（3）注意观察绞车的运转、钢丝绳缠绕、电动机声响、信号变化等情况，发现异常现象，立即停车。

（4）司机在绞车运行中必须精力集中，坚守岗位，不得离开绞车。

（三）搬运回柱绞车时的注意事项

（1）尽量整体装车并固定牢固。

（2）在绞车自己拉自己时，必须保证导轮固定绝对可靠，随时维护好电动机电缆，还应注意观察工作面及巷道周围情况，不安全不得强行开车。

（四）在回采工作面操作回柱绞车时的注意事项

（1）认真检查工作面顶板及支架情况，有下列情况之一者不得开车回柱：

① 输送机未移完，煤壁侧的第一排支柱尚未补齐。

② 悬顶面积或距离超过作业规程规定值。

③ 退路不畅或附近有其他人员在作业或休息，尚未撤离。

④ 切顶线特殊支架尚未按规定架设或未到规定位置，有缺柱和失效的支柱。

⑤ 工作面安全出口不畅通。

（2）打密集支柱或打前托棚地点必须超前回柱地点 20 m，否则不准拴绳回柱。

（3）开车工、信号工、看导轮工和观测顶板压力变化的人员要固定、有经验，在统一指挥下，按统一规定的信号进行回柱作业。拴绳工也应指派有经验的工人担任。

（4）工作面来压时停止回柱，所有人员撤到安全地点，待压力稳定后，再维护支柱，恢复工作。

（5）采煤和回柱一般不可平行作业，需要平行作业时，必须有经过批准的安全措施，而且采煤与回柱两个工作地点的安全距离要符合作业规程的规定。

第四节 液压切顶支柱的使用

一、概述

由大工作阻力的液压支柱与推移千斤顶组成的切顶装备叫液压切顶支柱。它是一种特殊支架，如图5－7所示。其型号有单伸缩单柱式的 QD 型，有单伸缩双柱式的 SJ 型和双伸缩单柱式的 ZQS 型等。

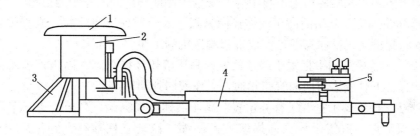

1—顶盖；2—立柱；3—底座；4—千斤顶；5—操作阀

图5－7 液压切顶支柱

液压切顶支柱是在高档普通机械化采煤工作面，使用切顶支柱配合单体液压支柱来管理顶板，使切顶、移动输送机等实现了机械化；切断采空区与工作面控顶区顶板的联系，切断采空区的悬顶，保证工作面安全生产并可取消木垛、矸石带、密集放顶支柱等特殊支护。

液压切顶支柱的优点：

（1）工作阻力大，切顶效果好。它的工作阻力是单体液压支柱的3倍，因而能有效地控制顶板。

（2）液压切顶支柱使推移输送机、回柱、移柱、支撑等工序全部实现了液压化，从而减轻了工人的劳动强度，保证了回柱工人的安全。

（3）液压切顶支柱底座大，对底板的比压小，不易被压入底板，适用于软底工作面。

（4）可减少工作面基本支柱数量，工作面基本支柱承受的顶板压力明显降低。

（5）由于推移输送机力量大，故工人不再进入机道（炮道）扫浮煤，也不必支设临时支柱，减少机（炮）道顶板落煤（矸）块伤人事故并减轻劳动强度。

（6）切顶支柱与液压支架相比，能更好地适应煤层地质变化的条件，其拆卸、搬家都比较方便。

液压切顶支柱适用条件比较广泛，其要求的具体条件：

（1）倾角25°以下，采高2.5 m以下的回采工作面。

（2）顶板中等稳定以上。

（3）顶底板较平整，底板压力强度不小于5 MPa。

（4）煤层构造较简单、稳定，断层落差不影响工作面推进。

二、液压切顶支柱支护过程（以 QD 型液压切顶支柱为例）

（1）升柱与初撑。操作操纵阀，泵站来的高压液体经操纵阀、高压管进入立柱下腔，迫使活柱升起，支柱顶盖贴紧顶板（上腔液体经回油管回油），操纵阀手把搬回中间位置，供液停止，立柱获得初撑力。

（2）承载与溢流。随着顶板下沉，作用在支柱上的压力增加，支柱进入承载状态。当顶压达到立柱额定工作阻力时（立柱由初撑到达额定工作阻力时，活柱只下缩 5 mm 左右），立柱内高压液迫使安全阀自动开启，排出一部分液体，活柱下缩，立柱荷载降低，安全阀自动关闭，立柱内腔压力不再下降，安全阀保证支柱的工作阻力恒定。

（3）推移输送机。泵站的高压液体经操纵阀进入千斤顶活塞后腔，迫使活塞杆伸出，以立柱为支点把输送机推向煤壁，完成推移输送机的工序。

（4）降柱。将操纵阀手把置于降柱位置，高压液体经操纵阀、高压管进入立柱上腔，迫使活柱下降，下腔液体与回油管路相通，工作液回到油箱。

（5）移柱。操纵阀手把置于移柱位置，高压液体经操纵阀、高压液进入千斤顶前腔，以输送机为固定点，迫使千斤顶向煤壁方向回缩，拉动立柱前移，到位后再升柱支撑顶板。

第五节　回撤单体液压支柱

单体液压支柱回撤方式根据顶板情况，有近距离卸载、远距离卸载两种卸载回柱方式。顶板条件较好时采用近距离卸载回柱；顶板较差、易破碎冒落时可采用远距离卸载回柱。

一、正确选择收口位置

在有切顶支柱的工作面人工分段时，首先要详细检查本回柱段内的顶板情况，正确选择开口（开始回柱处）与收口（结束本段回柱处）位置，收口位置的选择很重要，如果位置不当会给结束本段回柱（即回最后一根支柱）工作带来困难。选择收口位置要注意以下几点：

（1）收口处采空区顶板垮落良好，矸石充填高度超过密集切顶支柱。以保证回收最后 3 根支柱时站在出口外。

（2）收口处顶板完整，而其他顶板都不完整，应选择一处顶板破碎程度较小的地点。

（3）收口处应选在支架排列整齐、没有障碍物的地点，防止有危险时回柱人员不能迅速撤离。

二、做好收口准备工作

选择好收口位置，立即做好收口准备工作。

（一）用支柱收口

这种方法适用于顶板完整、矿压较大的工作面，具体做法如图 5-8 所示。将正对收口处采空区边上的密集切顶柱回撤 1 m，移设到里排支架和新切顶线之间，再向本段收口处方向回撤采空区密集切顶柱 1 m，移设到里排支架和密集切顶柱之间的斜线上，再斜放一根挡木即完成了准备工作。

（二）用挡木收口

将正对收口处采空区边上的切顶柱回撤 1 m，然后用废坑木挡在采空区切顶支柱、里排支架与外排切顶柱之间，如图 5-9 所示，就完成了收口准备工作。

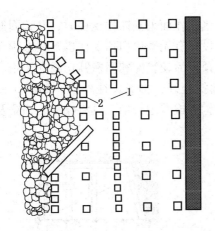

1—收口位置；2—新移设的支柱

图 5-8　用支柱收口示意图

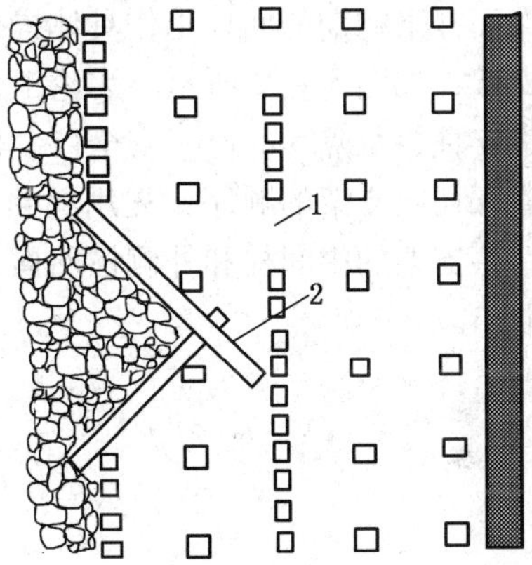

1—收口位置；2—挡木

图 5-9　用挡木收口示意图

（三）开口

开口就是开始按顺序回柱。开口前先在新切顶线位置支设好 2~3 m 密集切顶支柱并在邻段收口准备工作完成之后开始回柱。

（四）回柱

除按由下向上、由里向外的顺序要求外，放顶支柱与基本支柱的回撤应保持三角形。这样每回一根柱时，回柱工都站在被回支柱的斜上方，两侧都有支柱保护，如图 5-10 所示。

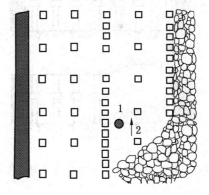

1—回柱人位置；2—被回支柱

图 5-10　三角回柱程序示意图

第六节　人工顶板下分层工作面回柱与放顶

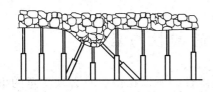

图 5-11　人工假顶下网兜处理方法示意图

在人工顶板下分层工作面一般无密集放顶支柱，所以回柱放顶的顺序与其他工作面没有区别。不同的是在回柱时发现顶网断裂，要立即补网、联网。有网兜时还要在网兜下支设戴帽顶柱，防止埋压支柱，人工假顶下网兜处理方法如图 5-11 所示。

第七节　工作面开采初期的回柱与放顶

因为工作面开采初期回柱后顶板一般不垮落，等到悬露一定面积后会突然垮落。初次垮落的大块矸石极易撞倒支架，有的甚至发生大型顶板事故，所以必须重视开采初期的回柱工作。

工作面开采初期的回柱工作具体操作方法：当工作面采到四排支柱时，开始回撤开切眼的旧支架，如图 5 - 12 所示。无论工作面支护设计有无密集切顶支柱也要在末排支柱处支设密集支柱，每隔 5 m 留一安全口，作为观察顶板活动状况和回撤开切眼支架用。

回撤开切眼支架的顺序：先用绳将里侧的棚腿拴好，将绳头往外拉，如图 5 - 13 所示，然后将支架的中间柱和外侧柱回撤，最后用钩斧或其他长柄工具将棚腿、顶梁及背板等木料取出。

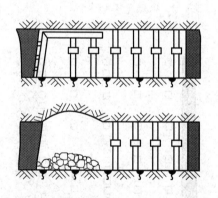

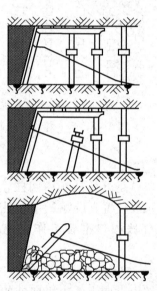

图 5 - 12　初次开采回撤开切眼支架示意图　　　图 5 - 13　回撤开切眼支架顺序示意图

当工作面推进到设计的最大控顶距时开始正常回柱与放顶，回柱方式与正常回柱操作相同。如顶板较坚硬或顶压较大时，可把密集支柱加强到双排并采取强制放顶措施加速顶板初次垮落。如果工作面推进到超过预计的初次垮落距离，仍未普遍垮落而顶压也较大时，应该加设双排密集支柱或支设丛柱、木垛等加强支护，直到顶板初次垮落后采空区垮落的矸石高度超过密集支柱，没有较大顶板事故发生的可能时，方可撤出加强支护，按正规作业方法进行回柱与放顶。

第八节　工作面结束时的回柱与放顶

工作面结束时的回柱放顶工作也具有一定的危险性，所以在作业时必须注意的事项有：首先应保证安全通道的畅通，绝对不能发生安全出口冒顶压埋人员事故；其次是回柱时要考虑便于回收和运出并应随时注意通风与瓦斯的情况。当工作面推进到采区边界线支设最后一排支柱时，使液压支柱的手把一律朝向采空区方向，以便回收时操作。

当工作面回收到只剩最后两空三排支柱时，将工作面内所有回撤的支柱和其他物品全部运出。根据情况在原支架间支设木柱不回撤，以免压埋支柱，使回柱后空间不被矸石完全封闭影响通风。

回撤最后两空三排支柱的方式：如果工作面倾角不大，又无瓦斯超限的影响时，可由中间开口分两组分别向进风巷和回风巷回撤。但如果瓦斯涌出量较大，回柱放顶后通风困难，则应由回风巷向进风巷方向回撤。如果顶板破碎、瓦斯量大而倾角又大时，应将最后两排单体支柱换成木柱，不分段回撤。

第九节　仰斜工作面回柱与放顶

在仰斜工作面回柱时，支柱一般要倒向采空区（图5-14a），很容易被压埋，很难取出，一般用以下两种方法回柱：

（1）拴绳回柱。每回一根柱都要用绳拴在柱体上，由助手在安全地点拉绳，当回柱工使支柱卸载后，助手猛力拉绳，支柱便倒向工作面，如图5-14b所示。但这种方法比较麻烦并且只注意拉绳而忽视观察顶板，也容易发生两人动作不协调而使支柱倒向采空区的情况。

（2）用挡木回柱。凡要回撤的支柱在采空区一侧的空隙处，穿一根旧坑木或荆条捆，这样回柱时支柱就不会倒向工作面采空区，如图5-14c所示。

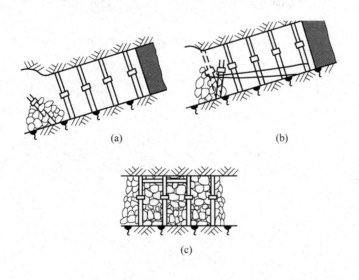

(a)　　　　　　　　(b)

(c)

图5-14　仰斜工作面回柱示意图

第十节　俯斜工作面回柱与放顶

因俯斜工作面向下坡回采，回柱时支柱自然倒向工作面，但会发生矸石推倒工作面支柱的现象，直接威胁到回柱工的安全，所以防止倒柱是俯斜开采的关键。防止倒柱方法有以下两种：

当采空区垮落矸石填满活柱以上部位，回柱后再次垮落的矸石就容易冲击支柱的顶部，支柱向外倾倒。防止方法就是采用戗棚法，用长坑木做梁，在新切顶支柱位置支设一排戗棚，如图5-15a所示。

如果采空区顶板垮落不充分或支柱倾向采空区时，当顶板再次垮落时矸石冲击支柱的下部，使支柱倒向采空区的可能性大。防治的方法是采用短木支撑法，用长坑木顺工作面紧靠新切顶柱位置放好，再用短木一端顶在坑木上，另一端顶在基本支柱的底端用木楔打紧（图5-15b），就可以防止回柱时推倒新柱。

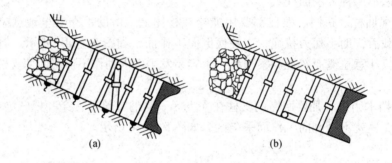

(a)　　　　　　　　　　　　(b)

图5-15　俯斜工作面回柱防倒措施

第六章

采煤工作面顶板事故

第一节　顶板事故的原因与分类

据统计，采煤工作面发生的事故多数与顶板有关，特别是炮采工作面、高档普采（普采）工作面。因顶板冒落造成的人身伤亡事故和非人身伤亡事故统称为顶板事故。顶板事故是由于采掘后，矿山压力重新分布并传递到采掘空间的顶板及煤壁，使围岩体发生变形以致垮落所造成的。顶板事故的发生伴随着煤矿生产的整个采掘过程中，具有不可预测性，在采用综采工艺前顶板事故在煤矿事故中占有很大比例，高达75%，随着综采液压支架的使用以及对顶板事故的研究和预防技术的深入和逐步完善，顶板事故所占的比例有所下降，但仍然是煤矿生产的主要灾害之一。随着开采深度的增加、巷道断面加大等原因，采煤工作面与巷道的顶板事故防治更加重要。

一、工作面顶板事故的分类

按一次顶板冒落范围及其性质，工作面顶板事故一般可分为小范围局部冒顶和大面积切顶事故两大类。采煤工作面顶板事故具体分类如图6-1所示。

二、事故的危害

采煤工作面冒顶事故发生后，将会给人身安全带来极大威胁并给国家财产造成很大的损失。我国煤矿顶板事故死亡人数约占各类事故总死亡人数的40%，其中80%发生在采煤工作面。因此，顶板事故不仅造成人员伤亡和经济损失，同时也产生不良的社会影响。

冒顶事故发生的原因是多种多样的，其主要原因是由开采过程中矿山压力的活动造成的。但从冒顶事故发生的原因来分析，是由于对客观事物的认识有限，没有采取有效方法造成的，但更多的是由于工作中的疏忽或错误所造成的。归纳起来有如下几个主要原因：

（1）思想不集中，工作中麻痹大意是发生冒顶事故的思想根源。

（2）地质构造不清，顶板压力显现规律不明是发生冒顶事故的重要因素。

（3）支护的规格质量不符合质量标准要求，是引起冒顶的常见原因。

（4）不按规程作业、违章指挥及违章作业，对顶板管理十分不利，容易发生冒顶事故。

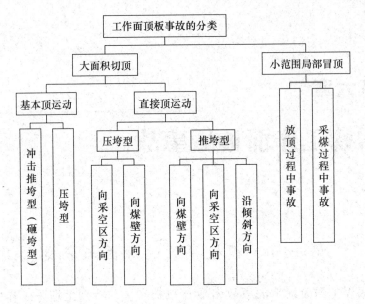

图 6-1　采煤工作面顶板事故分类示意图

三、发生事故的因素

发生事故的因素有地质因素和技术因素。

（一）容易发生冒顶事故的地质因素

（1）断层。因断层切断了顶板，破坏了顶板的完整性。因此断层附近容易发生局部冒顶，增加了控制顶板的困难。而且断层还能改变顶板初次垮落、初次来压和周期来压的步距，一般情况下受断层影响来压步距都要缩小。

（2）褶曲。较大的向背斜构造对工作面顶板压力的影响并不明显，而小褶曲往往影响采煤工作面的生产。因为小褶曲可能使顶板局部破碎，增加顶板管理的困难程度，小褶曲影响工作面，使工作面忽上忽下，采下坡时采空区垮落的岩石可能冲向工作面，撞倒支架而冒顶。

（3）陷落柱。它是切断煤岩层的柱状塌陷体，柱内有大小不等的煤、岩块和其他杂质胶结在一起。

（4）岩浆岩侵入带。受岩浆高温影响而变质，岩带两侧的煤层变质成天然焦，质地松软，难于维护，极易发生片帮与冒顶事故。

（5）冲刷带。冲刷带是成煤后经水流剥蚀煤层和顶板岩层后，砂石又充填被侵蚀的地方，因此顶板发生了变化，给工作面的顶板管理造成很大的影响，在冲刷带的边缘处极易发生冒顶事故。

（二）发生冒顶事故的生产技术因素

（1）开采深度。它对顶板压力有一定的影响，由于开采深度的增加，会使煤壁前方增压带的压力加大，使煤壁和顶板受压而松软，给顶板管理造成困难，容易发生片帮和冒顶事故。

（2）残留煤柱。上部煤层开采时，顶压通过残留煤柱传递到下部煤层，造成顶板压力集中，下部煤层的工作面进入煤柱区后，容易发生片帮、顶板破碎，措施不当时，极易发生冒顶事故，如图6-2所示。

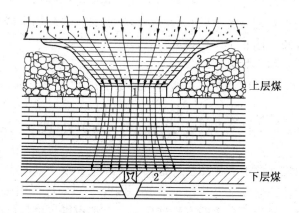

1—上层煤残留煤柱；2—下层煤支撑压力集中区；3—采空区

图6-2　煤柱下压力集中状况示意图

（3）留护顶煤和丢底煤。因为顶煤容易被压酥，底煤压力大时支柱易扎底，因此无论是留顶煤或丢底煤都会降低支架的支撑能力，造成顶板大量下沉、顶板破碎，甚至发生冒顶事故。

（4）工作面推进速度。工作面进度慢时，顶板下沉量就大，易破碎，增加了顶板管理的难度，容易引发顶板事故。

（5）控顶距。控顶距大，顶板暴露面积就大，相应顶板压力加大，不易控制顶板。但控顶距太小，放顶后采空区的顶板冒落不下来，工作面载荷加大，也能造成冒顶事故。

（6）支护操作技术。熟练的支护操作技术能保证支护的规格质量，保证有足够的支护强度，使回柱干净，采空区顶板垮落充分，工作面控顶区压力减小，进而保证安全生产，否则就容易发生人为的冒顶事故。

第二节　煤　壁　片　帮

煤壁片帮是指在工作面前方支承压力作用下，煤帮（壁）或岩帮（壁）发生塌落的现象，如图6-3所示。

采煤工作面在采高较大、煤质松软、煤层节理发育以及节理与煤壁平行等情况下，工作面周期来压期间、过断层等地质构造带时，都容易发生片帮事故，而薄煤层、煤质坚硬的工作面则较少出现煤壁片帮现象。煤壁片帮如果不加以控制，容易造成冒顶事故，在采高较大的工作面或仰采工作面，煤壁片帮还容易造成人员伤亡事故，因此煤壁片帮不容忽视。防治煤壁片帮可以采取以下措施：

（1）破煤后工作面煤壁应直、齐，及时打好贴帮柱或

图6-3　煤壁片帮

护帮板，减少对煤壁的压力。

（2）在片帮严重区域，应在贴帮柱上加托梁或及时超前移支架。

（3）煤质松软或采高较大时，除打贴帮柱外，还应在煤壁与贴帮柱间加横撑木。

（4）炮采工作面应合理布置炮眼，适当减少装药量，松软的煤帮要以震动爆破为主。

（5）底软的要穿鞋，防止顶压传递到煤帮。

（6）破煤后及时打掉伞檐和松软煤帮。

（7）减少控顶时间，随时支护，以减小对煤壁的压力。

第三节 顶板事故的一般处理方法

采煤工作面顶板如管理不当往往会发生冒顶、煤壁片帮、大面积切顶、顶板台阶下沉等事故，如处理不当往往会发生人身伤亡事故，因此在回采过程中必须引起足够的重视，顶板事故发生后，应采取积极有效的方法进行处理。顶板事故也是可以通过良好的支护设备、先进的管理方法等进行预防的。如果发生了冒顶事故，要立即查明事故情况并及时处理和汇报。如果延误时间，小冒顶将发展为大冒顶，给处理带来困难。应根据采煤方法、冒顶区岩层冒落的高度、块度、冒顶位置和影响范围的大小来确定处理冒顶的方法，主要有探板法、撞楔法、小巷法和绕道法4种。

1. 探板法

当采煤工作面发生局部冒顶的范围小、顶板没有冒严、顶板岩层已暂时停止冒落时，应采取掏梁窝、探大板木梁或挂金属顶梁的措施，即探板法来处理。具体处理步骤：处理冒顶前，先观察顶板状况，在冒顶区周围加固支架，以防冒顶范围扩大；然后掏梁窝、探大板梁，板梁上的空隙要用木料架设小木垛接到顶部，架设小木垛前应先挑落浮矸，小木垛必须插紧背实，接着清理冒落矸石，及时打好贴帮柱，支柱打板的另一端加固支架，根据煤帮情况采取防片帮措施。

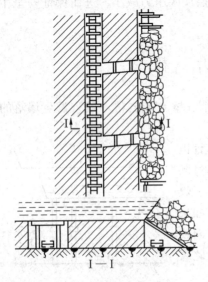

2. 撞楔法

当顶板冒落矸石块度小，冒顶区顶板碎矸石停止下落或一碰就下落时，要采取撞楔法来处理。具体操作如下：处理冒顶时先在冒顶区选择或架设撞楔棚子，棚子方向应与撞楔方向垂直，把撞楔放在棚架上，尖端指向顶板冒落处，末端垫一方木块，然后用大锤击打撞楔末端，使它逐渐深入冒顶区将碎矸石托住，使顶板碎矸不再下落，然后立即在撞楔保护下架设支架。撞楔的材料可以是木料、荆笆条、钢轨等。

3. 小巷法

如果局部冒顶区已将工作面冒严堵死，但冒顶范围不超过15 m，垮落矸石块度不大且可以搬运时，可以从工作面冒顶区由里向外，从上而下，在保证支架可靠及后路畅通情况下，采用人字形掩护支架沿煤帮输送机道整理出一条小巷道。整通小巷道后，开动输

图6-4 绕道法

送机，再放矸，按原来的采高架棚。

4. 绕道法

当冒顶范围较大，顶板冒严，工作面堵死，用以上3种方法处理均有困难时，可沿煤壁重开开切眼或部分开开切眼，绕过冒顶区，如图6-4所示。新开的开切眼一般由下向上掘进并留有适当小煤柱，靠冒顶区一侧用木板背严。

第四节　工作面局部冒顶的预防

采煤工作面冒顶事故按冒顶范围可分为局部冒落和大面积冒落两种基本类型，按冒顶事故的力学原因分为压垮型冒落、漏垮型冒落和推垮型冒落3类，而大面积冒顶又分为压垮型和推垮型两种。据统计，局部冒落死亡人数大于大面积冒顶死亡人数。事故常常发生在初次放顶期间，而工作面发生大面积冒顶事故较少。绝大多数推垮或压垮工作面仅是工作面中的一段，因为顶板一般具有分段垮落的性质。

一、采煤工作面冒顶分类

采煤工作面冒顶一般有以下5种类型：

（1）顶板悬露面积超过其许可极限悬露面积。这类事故多发生在煤帮附近的空间、炮道或机道处、工作面上下端头部位以及回柱区域。这类冒顶事故在各种顶板条件下都有可能发生。

（2）支柱留底或支柱密度不足，支护阻力过低，支架被压坏造成冒顶事故，可发生在工作面任意部位。

（3）在断层褶曲处，煤层突然增厚、变薄，煤岩突然软化破碎，在成煤时顶板受冲刷造成岩性变化，节理裂隙切割的顶板游离岩块等地质破坏处以及工作面与断层走向、裂隙走向的夹角在15°~20°时，由于支柱支设问题造成的事故也是常见的。

（4）分层中基本顶顶板由于直接顶离层，离层岩块移动使支架倾倒造成的冒顶事故，可发生在工作面生产的任意时期，尤其是工作面初采阶段。

（5）采空区大面积顶板垮落产生的动压冲击以及形成冲击巨风造成推垮的工作面事故，这类事故大部分发生在坚硬或比较坚硬的顶板条件下。

二、冒顶事故发生的原因

冒顶事故发生的原因很多，其主要是由开采过程中矿山压力的活动造成的。顶板在矿山压力活动过程中发生不同程度的变形，先是沿着顶板节理出现裂隙，产生离层现象。此时，如果顶板管理不当、支护质量不好、压力继续增大、岩石变形超过弹性变形极限，就会出现断裂、垮落、片帮或局部冒顶。冒顶事故的发生，有的属于对客观事物的认识所限，而有的则是现场管理不善造成的，主要有以下几个方面原因：

（1）发生事故的顶板区域一般是从围岩孤立出来的岩块，已解除周围约束，是顶板可能发生垮落的先决条件。其过程包括：顶板离层在垂直方向上解除约束；走向断层分割或局部冒顶造成的空洞；顶板在倾斜方向上解除约束，煤壁附近顶板断裂和采空区冒落不严。

（2）较坚硬顶板条件下采空区有悬顶，如果不采取加强支护措施而控顶距过小，必然导致压垮型或冲击、推垮型冒顶事故，从力学模型可知，顶板悬臂越长，压力越靠近煤壁，工作面支架受载越大，越易折断或摧垮。因此，要采取加大控顶距、加密支柱、增设木垛以及打抬棚和戗柱等措施。

（3）地质构造复杂是发生事故的重要因素。断层、褶曲地带顶板破碎，很容易发生冒顶。在初次来压和周期来压时，顶板下沉量和下沉速度均急剧增加，支架压力猛增，顶板破碎，甚至顶板出现台阶下沉，这时冒顶的可能性很大。如果没有掌握煤层的赋存条件、性质和变化情况，就不可能采取正确的措施加以管理，难免发生冒顶事故。

（4）麻痹大意是发生冒顶事故的思想根源。警惕麻痹是预防事故发生、搞好安全生产的一条重要经验。工人下井后精神要集中，到工作地点后首先检查安全情况，经常敲帮问顶，对不安全的现象要认真检查处理。图省事、怕麻烦、不落实规章制度的思想就是事故的苗头；违章作业是引起冒顶的直接原因；根据不同的地质资料，认真编制和执行作业规程，是避免顶板事故发生的重要措施。

工作面弯曲不直、不按要求支护、空顶面积大、柱距排距不按规定、随意摘掉不应摘的支柱等，这些情况都容易发生冒顶。不按正规循环作业也容易引发冒顶：按正规循环作业，工作面回采进度快，顶板压力小；反之，工作面推进速度慢，顶板下沉量大，回柱放顶就困难，处理时非常容易冒顶。

三、冒顶的预兆

在正常情况下，采掘工作面顶板冒落之前总要出现各种各样的预兆。顶板冒落的预兆有顶板裂隙加深、加宽、掉渣、岩层发出响声、漏顶片帮、顶板离层（敲帮问顶时发出"空空"的响声）、支架变形等。及时发现和掌握预兆，对预防重大冒顶事故的发生极为重要。

（1）出现响声。岩层下沉断裂，顶板压力急剧加大时，木支架会发生劈裂，紧接着出现折梁断柱现象；金属支架的活柱快速下沉，连续发出"咯、咯"的响声，支柱发颤，把耳朵贴在柱体上，可断续听见支柱受压后发出的声音；工作面使用的铰接顶梁受顶板冲击，顶梁水平楔被弹出或挤出，有时也能听到采空区内顶板发生断裂的闷雷声。

（2）掉渣。顶板严重破裂时，折梁断柱就要增加，随着就出现顶板掉渣现象。掉渣越多，说明顶板压力越大。

（3）片帮。冒顶前煤壁所受压力增加，变得松软，片帮煤比平时多。使用电钻打眼时，钻眼省力；用采煤机割煤时负荷减小。

（4）顶板出现裂缝。顶板的裂缝，一种是地质构造的自然裂缝，另一种是由采空区顶板下沉引起的采动裂缝。如果这种裂缝加深加宽，说明顶板继续恶化，因此，常在裂缝中插上木楔，看它是否松动或掉下来，观察裂缝的变化，做出预报。

（5）顶板出现脱层。顶板快要冒落时，往往出现脱层现象。检查脱层要用"问顶"的方法，如果声音清脆，表明顶板完好；顶板发出"空空"的响声，说明上下岩层之间已经脱离。

（6）漏顶。破碎的伪顶或直接顶在大面积冒落之前，有时因为背顶不严和支架不牢出现漏顶现象。漏顶如不及时处理，会使棚顶托空，支架松动。顶板岩石继续冒落，就会造成没有声响的大冒顶。

（7）有害气体和淋水增加。含瓦斯煤层出现瓦斯涌出量增加，顶板有淋水则淋水量增加。

四、预防冒顶的措施

顶板管理是煤矿生产中一项经常性工作，应熟悉采掘工作面顶板情况，了解矿压显现规律，掌握顶板冒顶预兆，随时采取预防措施。

（一）把好初次放顶关

（1）由区队长现场指挥，组织班组长、安全员、顶板管理员巡回检查顶板，遇到紧急情况，应以口哨为令。

（2）工作面放顶，支架要背实打紧，打成密集支架，加固或增加工作面支架。

（3）对坚硬不易垮落的顶板，根据顶板压力情况，沿工作面间隔一定距离增加特殊支护。压力很大时，为防止木垛推倒，可在木垛四周增加斜柱。

（4）防止煤壁处顶板下沉以及采空区顶板垮落时对工作面的推力，煤壁与采空区一侧支架均可打斜柱。

（5）采取小进度多循环作业方式，加快工作面推进速度，以保持煤壁的完整性，使之具有较好的支撑作用。

（二）初次来压和周期来压前加强支护

初次来压或周期来压前，必须根据顶板压力情况，采取必要有支护措施，一般有以下几种措施。

（1）沿放顶线上增加1～2排密集支柱。

（2）从上下安全出口，沿工作面增加木垛。

（3）在工作面及采空区设木信号柱。

（三）加强回采工作面支护质量

（1）必须按作业规程规定的支架形式进行支设，打好的支架要排成行，达到质量标准。

（2）立柱时要柱底穿鞋，坚硬底板柱窝要有麻面，柱子不准打在浮煤或浮矸上。

（3）必须有足够的支护密度，这需要根据实测的顶板压力与下沉量来确定。

（4）在缓倾斜与倾斜煤层中，一定要把支柱打有一定角度，这样支柱才能承受岩石沿倾斜产生的下滑力。

（5）根据顶板情况选择适当的支护方式，坚硬顶板可用点柱或戴帽点柱支护；破碎顶板采用连锁棚，防止局部漏顶。

（四）防止煤壁附近空顶区冒顶

高档普采工作面使用的单体液压支柱具有初撑力大、承载均匀、切顶性能好等优点，因而在工作空间内一般不易发生冒顶事故。但是由于所用采煤机为自动拖移电缆，因而使端面空顶距离增大，最容易在煤壁附近空顶区发生事故。防止煤壁处空顶区冒顶的一般措施是采取超前挂金属梁或打临时支柱，尽量减小空顶面积、缩短空顶时间，防止局部冒顶。

（五）上下出口维护

工作面上下出口处，由于控顶面积大，上下出口紧接的上下顺槽顶板暴露时间长，加上工作面支撑压力的影响以及输送机机头、机尾等设备移动时的支架、拆架，因此这一段地方顶板破碎、压力大。所以对工作面上下出口一般采取的防冒顶措施是，在上下出口处加强支护。通常在上下顺槽进行超前支护，机头和机尾处架抬棚；移机头机尾时要回掉支架下原有支柱，须先打临时支柱，然后再替换原有支柱，设备移过之后，应迅速按要求在棚梁下补打支柱，支柱不能打在浮煤上，棚梁要贴紧顶板，上面不许空顶；安全出口应有专人维护，支架有折梁断柱时，必须及时更换。

（六）防止煤壁片帮

靠煤壁一侧的顶板由煤壁支撑，在支承压力作用下，煤壁很容易压酥，再加上煤层本身松软，煤帮很容易片帮。

（七）认真做好回柱放顶工作

在回采的工序中容易发生冒顶的是回柱放顶工作，因此组织回柱放顶工作时，必须严格按照操作规程和作业规程进行，不能大意，更不能违章。

（1）回柱前要检查顶板压力是否稳定，工作面支柱是否完好并按作业规程要求打好密集支柱。

（2）采用回柱绞车回柱时，严禁拉大网回柱。

（3）回柱时，用坑木做支柱时将大端向上，用坑木做梁时大端朝煤壁；采用金属铰接顶梁的作业，应考虑到回柱放顶时打锤退楔顺手，拿取容易。

第三部分
支护工中级技能

第七章

采煤工作面端头顶板管理

第一节 端头和出口支护形式

采煤工作面进风巷和回风巷连接处称为端头或出口，是采煤工作面十分重要的顶板控制地段，该连接处空顶面积大，在掘进过程中受一次压力重新分布的影响，同时巷道支护初撑力都很小，使顶板下沉、松动甚至破坏；工作面开采后又承受工作面超前支撑压力的作用，使两巷顶板大量下沉，甚至发生破碎、局部垮落；机头、机尾和其他设备体积较大，移动设备时经常撤柱、支柱，反复支撑顶板，使得顶板更加破碎，因而工作面上下端头出口容易发生冒顶事故，是事故多发地段，如果再有基本顶来压的影响，其危险性就更大。所以对这一地段顶板控制的好坏直接影响工作面的正常生产，必须加强支护，进行特殊管理。

加强支护的形式：一般采取抬棚支护（Ⅱ型梁）和铰接顶梁或双楔梁配合单体支柱支护。

端头和出口加强支护主要有以下几种：

（1）单体支柱加铰接顶梁支护。为了在跨度大处固定顶梁铰接点，可采用双钩双楔梁或将普通铰接顶梁反用，使楔钩朝上。

（2）用4～5对长梁加单体支柱组成的走向抬棚支架。用4～5对长钢梁（Ⅱ型梁）配合单体支柱组成走向抬棚，长钢梁必须成对使用，交叉迈步前进；单体支柱加铰接顶梁或双销梁支护的铰接梁为固定铰接点，可用双钩双楔或将普通铰接顶梁楔钩朝上反用，也可用十字铰接顶梁增加梁的整体性。

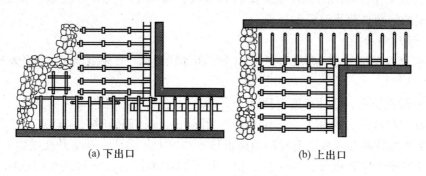

(a) 下出口　　　　　　　　　(b) 上出口

图7-1　上、下出口支架

（3）用基本支架加走向迈步抬棚支护。除机头、机尾处支护外，在工作面端头部原平巷内用顺向托梁加单体支柱或十字铰接顶梁加单体支柱支护。当工作面采用可弯曲刮板输送机运煤时，为便于整体移置输送机的机头和机尾，上、下出口处多采用走向抬棚，棚梁长 3~4 m，梁头交错 1.0~1.5 m，棚梁上用木板插严背实，上、下出口支架如图 7-1 所示。

第二节 端头支护操作标准

支护工必须熟悉采煤工作面作业规程、顶板控制方法及支柱特性，掌握工作面顶、底板岩性及厚度等参数并按下列程序操作。

一、综采端头抬棚支护操作程序

（一）安全要求

（1）巡视检查顶帮是否有安全隐患，液压管路是否完好，检查时要敲帮问顶，有隐患时要汇报班、队长，处理完毕后再开工。

（2）清理通道：出口宽度不低于 0.7 m，高度不小于 1.8 m，杂物清到指定地点。

（3）回撤输送机前面的单体液压支柱时，必须先停机，同时要注意周围情况及有无人员，一次准备一刀，严禁超前回料。

（4）拉机头（尾）必须使用标准连接装置，绞车等要安装合格，信号要可靠，绳道内严禁站人，按照循环步距打到位。补打单体液压支柱要及时，柱下穿铁鞋，支柱初撑力必须在 90 kN 以上。

（5）上分层开采时铺网要符合要求，支设单体液压支柱时严禁将液压枪和三向阀对着自己和他人，单体液压支柱钻底量不大于 100 mm，否则要穿鞋。

（6）回撤单体液压支柱必须两人一起作业，互相配合，架棚巷道要注意棚梁的受力情况，先打点柱替棚再回单体液压支柱。用绞车回单体液压支柱时挂钩要牢固，人员避开绳道，躲在支架内或用遮挡物护体，如有异常要及时发出信号停车处理。

（二）操作准备

（1）准时参加班前会，认真听取班前会布置的工作。

（2）备齐注液枪、卸载手柄、锤、斧子、镐、钩、钎等工具和必备材料。

（3）检查工作区域内的各种支护材料和顶板冒落情况有无异常现象，安全出口是否畅通。发现的问题必须及时妥善处理。

（三）操作要求

（1）摘梁或窜棚，必须两人一起作业，互相配合，架棚巷道要注意棚梁的受力情况。

（2）打戗柱挂帘，戗柱角度合理（70°~80°），挡矸帘应能保证人员安全。

（3）挂梁打柱，必须两人一起作业，互相配合，顶板破碎时必须套棚，先敲帮问顶，架棚巷道要添加背板和木楔。升柱时单体液压支柱要卡住梁牙，观察升柱过程中棚梁的情况。新单体液压支柱要放气，坏单柱、梁、鞋不得使用，人员不得站在刮板输送机上作业，填料时要防止挤手。

（4）回柱必须两人一起作业，用绞车回料挂钩要牢固，人员避开绳道，躲在支架内或用遮挡物护体，如有异常要及时发出信号停车处理。

（5）移两端头的支架时要注意出口压力与抬棚情况，必要时带压移架，要防止挤抬棚，步距要足，支护状态要调整好，保证初撑力并清理干净。

（6）回定型棚，采用回柱绞车远距离回料。人员进入采空区拴钢梁时，待顶板稳定后方可进入。用15环链子配合，联结环螺丝上满拧紧，操作速度要快，退路畅通，连好后人员撤到安全地点，通过信号与绞车司机联系，其他人员撤到安全地点。

（四）收尾工作

（1）必须确保工作面工程质量达到标准化要求。

（2）清理通道，拔油枪必须先卸压，剩余物料及杂物运到指定地点，码放整齐。

（3）现场文明生产符合规定，收拾各种工具。

（4）经班队长验收合格后方可离开工作面。

二、巷道支架回撤操作程序

（一）操作前的准备

（1）作业前检查作业现场顶帮是否稳定，用敲帮问顶判断内外煤帮及支架前梁附近顶板有无离层、片帮危险，周围环境有无影响作业的不安全因素，发现问题及时处理。

（2）试验回柱绞车是否正常、信号是否可靠。

（二）回撤操作程序

1. 使用绞车回撤

（1）回撤工字钢棚，应距工作面推进距离1～2架进行。

（2）人工将绳头拖至工字钢棚附近，注意绳道上是否有人员及障碍物。

（3）用40型小链或专用工具将所需回撤的工字钢棚内帮棚腿套住与绞车绳头连接。

（4）人工松动并抽掉所回撤工字钢棚的背帮、接顶材料及棚间撑木，尽可能使棚松动。

（5）一名出口工站在安全位置，观察现场并负责指挥，另一名出口工站在安全地点进行监护并操作绞车信号。

（6）由负责指挥的出口工发出口令，负责操作信号的出口工用规定的铃声向绞车司机发出开车信号，绞车应点动启动，使钢丝绳由松到紧，逐渐将棚拉倒。

（7）拉棚时，每次只能拉倒一架，拉棚过程中发现所拉棚有可能碰倒其他棚或顶住设备时，要立即打信号停车，由人工及时处理。

（8）回撤掉工字钢棚后，要根据顶帮情况做好临时支护和背帮措施。

2. 人工回撤

（1）巷道压力较小，工字钢棚易松动时，可用单体液压支柱在靠近工字钢棚梁端头处垂直升柱，将顶梁顶起，使棚梁接口脱开，人工回掉松动的棚腿，再用长把工具卸载单体支柱使顶梁掉下。

（2）作业时应先采用人工回撤工字钢棚，人工回撤困难或不可能时，再采用绞车拉棚或其他方法回棚。

第三节 机头、机尾端头和缺口支护

机头、机尾端头和缺口支架可分为木支柱和木梁、金属支柱和金属长梁配合一梁三柱、单体液压支柱配合铰接梁（双楔梁）以及端头液压支架等组合形式。目前，木支柱和金属支柱已基本淘汰，应用普遍的是单体液压支柱配顶梁做端头支护。

端头支架的顶梁直接与顶板接触，有垂直工作面横向支架与平行工作面顺向支架两种。横向端头支架沿倾斜方向超前架设 2~4 架，一般梁长 2.5~3 m；如果机头、机尾顶板稳定时，可用顺向端头支架，如图 7-2 所示。回风巷与运输巷按规定长度超前支护，在巷道原支架梁下架设超前托棚子，以加强维护巷道的顶板，安全出口双超前托棚支护如图 7-3 所示。近几年超前液压支架支护技术发展迅速，在一些矿区推广应用，它具有支护强度大、移设方便快速、用人少、减轻工人劳动强度、安全可靠性高等特点。

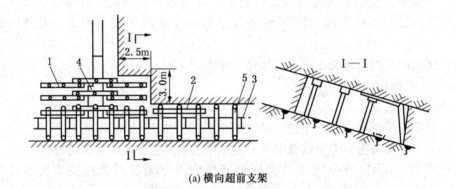

(a) 横向超前支架

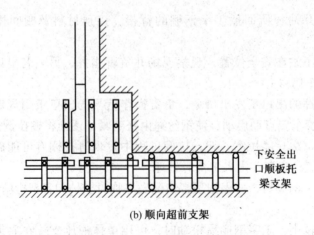

(b) 顺向超前支架

1—机头超前支架；2—运输巷托棚；3—运输巷刮板输送机；4—机头；5—运输巷支架

图 7-2 机头超前支架示意图

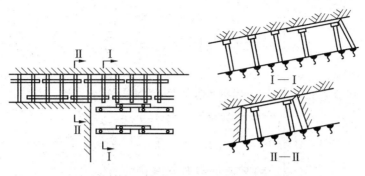

图7-3 安全出口双超前托棚支护示意图

第四节 端头超前悬臂梁支护

端头超前悬臂梁支架由单体液压支柱与长度为1.2 m的金属铰接顶梁组成，超前支架布置方式是沿走向超前两排2~3 m，沿倾斜4~5 m布置（使用采煤机工作面加上切口为6~7 m），但两巷超前支护数量由于工作面现场条件的不同，要按照作业规程规定的具体措施施工，端头悬臂梁超前支护如图7-4所示。

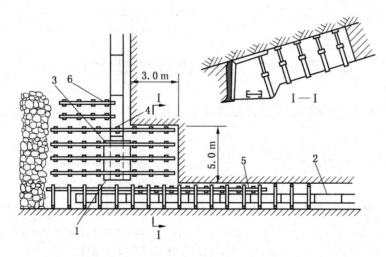

1—机头；2—运输巷输送机；3—机头悬臂梁；4—扁销子；5—超前托梁；6—单体液压支柱

图7-4 端头悬臂梁超前支护示意图

第五节 端头长梁抬棚支护

在高档普采或炮采工作面上下机头处的安全出口，用11号矿用工字钢或Ⅱ型钢做长梁（2~3 m）与单体液压支柱组成加强支护的抬棚。每架抬棚下支设3~4根支柱，一般用三组六架或四组八架抬棚迈步式交替前移，能及时支护顶板，端头长梁抬棚支护如图7-5所示。这种端头支护方式也可以用于人工顶板下分层工作面。

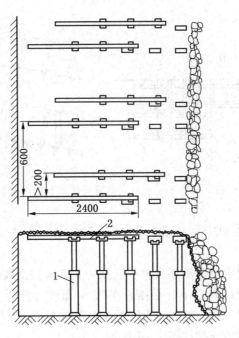

1—单体液压支柱；2—金属长梁

图7-5 端头长梁抬棚支护示意图

第六节 十字铰接顶梁支护

用十字铰接顶梁与单体液压支柱配合，支护采煤工作面的上下端头安全出口的方法，

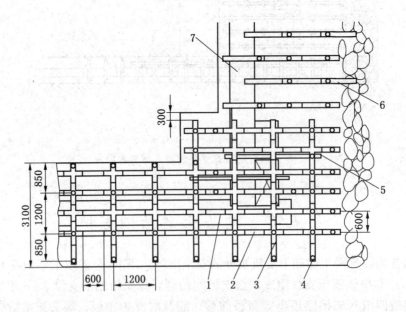

1、7—输送机；2—铰接顶梁；3—十字铰接顶梁；4—单体液压支柱；5—托梁；6—顶梁

图7-6 十字铰接顶梁端头支护方式示意图

既适用于顶板不平的条件，又能把端头支护连成一个整体，不但加强了支护强度，而且提高了支架的稳定性，有效防止了端头顶板事故的发生，其布置方式为网状结构，如图7-6所示，它适用于任何条件的工作面顶板。

第八章

采煤工作面特殊条件下的顶板管理

第一节 采煤工作面初次放顶时的顶板管理

采煤工作面从开切眼开始，到工作面直接顶冒落的高度达到采高的 1.5～2 倍，冒落的长度达到工作面长度的 1/2 以上时，此阶段的顶板垮落称为初次放顶。若基本顶的初次垮落对工作面有威胁时，初次放顶时期还应包括基本顶的初次垮落，此后，工作面即进入正常开采期。采煤工作面初次放顶时，必须注意以下事项：

（1）初次放顶时期，直接顶冒落高度达不到采高的 1.5～2 倍时，则采用人工强制放顶。其炮眼布置、数量、深度、角度、间距、装药量等参数，根据顶板情况不同，在作业规程中做出相应的具体规定。

（2）初次放顶必须制定专门措施，经矿技术负责人审批，由生产副矿长主持制定实施措施。

（3）单体液压支柱工作面初次放顶时，根据开切眼顶板及支架的状况，可采取以下支护方式。

① 顶板稳定，开切眼内支架基本完好时，先在原棚梁下打中柱，然后摘掉工作面煤壁侧的棚腿，拉线绳，支设支柱并架设一排金属顶梁，再开始回采。

② 顶板破碎，开切眼内支架破坏严重时，拉线绳，支设支柱并架设一排金属顶梁后，再架一梁三柱顺山棚，然后摘掉工作面煤壁侧棚腿，开始回采。

③ 开切眼施工质量差，掘出时间长，支架上部有空顶时，回采前要用一梁三柱走向套棚，两端插入煤壁，棚梁上用木垛填实接顶，周边用材料挤实，防止空顶周边松动。

（4）坚持初次放顶期间支护质量与顶板动态的监测和预报，根据附近或相邻工作面预测的直接顶和基本顶初次垮落步距、初次放顶事故发生的可能性及其受力类型，提前采取相应的防治措施。

（5）初次放顶期间要加强单体液压支柱支护质量，除基本支护外，还要架设好特种支护，如木垛、戗柱、抬棚等，定期检查单体液压支柱初撑力，对单体液压支柱进行补液，损坏的单体液压支柱或顶梁必须立即更换。

第二节　基本顶初次来压阶段的顶板管理

工作面回采从开切眼开始，随工作面推进，直接顶开始逐步垮落，推进一定距离后（一般30～50 m，与顶板岩石性质有关），此距离称为初次来压步距，基本顶初次垮落，引起较大的矿山压力。主要表现在顶板急剧下沉和垮落、底板隆起、煤壁片帮、煤的压出，严重的会引起支架变形和破坏。因此在工作面初次来压期间，必须加强支护，对顶板初次来压进行有效的预测和预报，减少初次来压对生产造成的影响。主要采取的措施有：

（1）进行工作面支护质量与顶板动态监测，掌握基本顶初次来压步距，在来压前增大支护密度，提高工作面支架的总支撑力。

（2）来压前沿放顶线（也称切顶线）增设1～2排密集支柱或丛柱，以增加基本支架的支撑力并隔离采空区。

（3）为了增加支架的稳定性，沿放顶线每隔5～8 m架设一个木垛或增设一梁三柱的戗棚或抬棚，也可架设双排交叉布置的木垛。

（4）对坚硬基本顶，必须随回采进行强制放顶，以便减轻基本顶来压时对工作面的压力。

（5）采空区的支柱要回收干净，使直接顶充分垮落，每缓冲一根"吃劲"支柱时，要在其周围补打替柱，用镐刨出近1/2柱窝后，再用回柱绞车直接回柱，回柱时所有人员均应撤到安全地点。

（6）基本顶初次垮落期间，应加快工作面推进速度，以保持较完整煤壁的支撑作用，有片帮危险时应增设贴帮支柱。

（7）适当加大控顶距，以便增设适宜的特殊支架，提高工作面整体承载和抗冲击能力，待基本顶初次来压后，再逐步恢复到正常控顶距。

（8）在基本顶初次来压前，要尽量避免在工作面全长范围内，同时进行落煤和放顶工作。

（9）当控顶区内顶板出现台阶下沉时，应适当加大控顶距，加强台阶下沉采空区侧的支护，当继续推采到煤壁侧至少有两排安全支护空间，下沉台阶距切顶排有两排支柱时，应一次将这两排支柱回撤完。如果此时采空区又出现较大悬顶时，应人工强制放顶。

（10）基本顶的初次来压强烈，有大面积切顶预兆时，应迅速撤出工作面所有人员，然后根据具体情况，按预定措施进行处理。

第三节　采煤工作面过旧巷时的顶板管理

在采煤工作面生产过程中，有时需要通过前方的旧巷，这些旧巷周围的岩层和支架由于长期受压和工作面超前支承压力的影响，顶板一般比较破碎，断梁折柱较多。特别是年久失修的旧巷，维护更加困难。因此，过旧巷时一定要提前采取措施，防止发生冒顶事故。

一、过不通风的旧巷

如果旧巷已不通风，应首先通风，排除有害气体，然后进行巷道修复。当工作面接近旧巷时，将旧巷内矸石清理干净，提前在旧巷内加固支架。在工作面距旧巷 4～8 m 时，要加密支护，旧巷为架棚巷道时，可以用单体打顶柱，根据压力显现情况，可以打 1 根或 2 根，甚至 3 根，压力较大时可沿旧巷方向加顶梁。如果是锚网巷道，可以沿旧巷方向用单体配铰接顶梁（或半圆木）打一排以上的加固棚。必要时还要支设木垛配合基本支柱控制顶板，如图 8-1 所示。

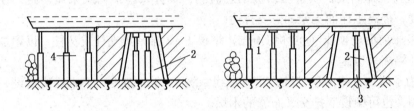

1—抬棚；2—旧巷；3—顶柱；4—工作面

图 8-1　过旧巷支护示意图

二、厚煤层工作面过旧巷

这种情况一般是指过下分层的旧巷（同分层过旧巷的方法同前），应提前将旧巷用砂子或矸石填实，当工作面推到旧巷位置时，底板应铺长梁平行煤壁架在旧巷棚梁上，支柱支在长梁上。如果顶板压力大，应架设木垛控制顶板，厚煤层工作面过旧巷支护如图 8-2 所示。

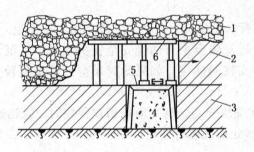

1—上分层；2—中分层；3—下分层；4—旧巷；5—底梁；6—顶梁

图 8-2　厚煤层工作面过旧巷支护示意图

三、过顶板破碎的旧巷

这种情况指平行于工作面的旧巷，此时旧巷顶、帮破碎，工作面压力大，平行推过有困难，则应调整工作面，采用使工作面与旧巷斜交的办法通过，加强旧巷附近工作面的管理，保证支柱初撑力，维护好顶板。

第四节　复合型顶板的管理

煤层的顶板由厚度为 0.5～2.0 m 的下部软岩及上部硬岩组成，它们之间有煤线或薄层软弱岩层；下部软岩一般是泥岩、页岩和砂页岩等，上部硬岩一般是中粒砂岩、细粒砂岩和火成岩等，此类结构的顶板岩层称为复合型顶板，复合型顶板实质上就是离层型顶板。

另外，地质构造带、采空区增加了顶板中形成六面体的可能性；挑顶掘进、局部冒顶区附近给六面体造成了去路；倾角大地段、含水地带都可以使下推力大于总阻力，这些部位都是容易发生推垮型或大面积冒顶的地点。总之，复合型顶板大面积冒顶有以下特点：

（1）复合型顶板大面积冒顶分没有预兆和有预兆两种，在大多数情况下，由原生裂隙、构造裂隙和采动裂隙共同作用下在顶板下位软岩中形成一个六面体时下推力和总阻力处于临界状态。在某些因素的诱发下会发生无预兆的突然冒顶，推垮发生时速度快、来势猛，人力无法抗拒；如果离层六面体的下推力小于总阻力，则在某些因素的反复诱导下，阻力越来越小，六面体开始运动阻力变得更小，运动速度变得越来越快，产生支柱下斜，靠煤壁及采空区处掉矸等预兆，接着就会发生推垮型冒顶，在这种情况下往往来得及撤出作业人员。

（2）复合型顶板大面积冒顶在时间上是随机的。采煤过程中各个工序都可能成为诱发条件，所以复合型顶板大面积冒顶在任何工序都可能发生。

（3）复合型顶板大面积冒顶前工作面压力小，由于冒顶前工作面压力小，支架仅支撑顶板下位的软岩，所以支架没有变形、损坏，摩擦支柱无明显下缩，单体液压支柱安全阀无明显溢流。

（4）复合型顶板大面积冒顶时工作面支柱被推倒。复合型顶板大面积冒顶时由于顶板向下或向采空区滑动，带动其下的支柱改变支撑方向向下倾倒。所以冒顶后支柱没有被压断而只是倾倒伏地，多数是沿煤层倾斜方向向下倾倒，也有的向采空区倾倒。

（5）复合型顶板大面积冒顶后上部硬岩层大面积悬露不冒，个别情况是冒落几块矸石。

（6）多数情况下，复合型顶板大面积冒顶前工作面直接顶已沿煤壁断裂开。

（7）复合型顶板大面积冒顶多发生在开切眼附近。因为开切眼支护时间长，下位的软岩出现早期离层、下沉，而上位的坚硬岩层受周围煤柱支撑不易下沉，所以开切眼附近发生复合型顶板大面积推垮型冒顶的情况非常多。

第五节　采煤工作面过地质构造时的顶板管理

采煤工作面过断层、褶曲带、陷落柱、冲刷带等构造时，这些构造给开采带来了不小影响。工作面推进到这些构造带时，必须采取针对性措施，以保证工作面正常、安全地推进。

一、工作面过断层

采煤工作面遇断层前，一般有以下预兆：煤（岩）层的走向、倾向发生明显变化，顶底板的完整程度破坏严重，裂隙增多，煤质变软，光泽变暗，煤层层理不清，有时还有滴水和瓦斯涌出量增多的现象。工作面过断层时，一般采取以下措施：

（1）落差大、影响范围广（走向长，破碎带宽）的断层，利用探巷探明断层范围后，采取重掘开切眼绕过断层的方法。落差小的断层，在采取针对性的措施后，采取硬过断层的方法。

（2）过断层时，先要搞清楚工作面煤壁与断层走向的交角，若断层走向与煤壁夹角太小，则断层破碎带暴露面积大，顶板维护困难。条件允许时，可提前调整工作煤壁与断层走向的夹角，使其在合适的范围内（顶板中等稳定时为20°～30°，顶板不稳定时为30°～45°），减少断层在工作面煤壁出露的长度。断层过后，再把工作面方向调整过来。

（3）断层落差不超过工作面采高的1/3，断层附近顶板较完整时，过断层不需采取特殊方法。倾斜分层开采时，可调整分层采高通过断层。

（4）通过断层时，如断层附近煤层较薄，难以铺设输送机，人或采煤机通过有困难时，应根据顶底板的岩石强度、断层赋存的具体情况，进行挑顶或卧底。挑顶卧底时，既要安全，又要处理量小，如图8-3所示。

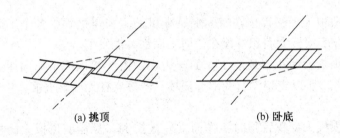

(a) 挑顶   (b) 卧底

图8-3 挑顶或卧底过断层示意图

（5）卧底过断层如留顶煤时，对顶煤要刹紧背严。如果顶煤松软留不住，则采取先支超前托梁，然后在托梁上由下往上用木垛接顶。

（6）为不影响工作面正常采煤，过断层的工作应超前进行，采取打浅眼、少装药、放小炮的办法，断层附近严禁放大炮。

（7）合理确定放顶距，一次回收完断层外侧的支架。

（8）硬过断层时，常用的支护方法有：

① 戴帽点柱和戗柱。戴帽点柱和戗柱适用于断层落差较小，顶底板、断层面较平整，断层带基本上不破碎的情况，具体示意如图8-4所示。

② 走向棚子。断层附近的顶板如果比较破碎，可采用一梁二柱或一梁三柱的走向棚子；顶板压力大时，采用走向连锁棚子，棚距一般不大于0.8 m，支护示意如图8-5所示。

③ 木垛。断层附近岩石破碎，顶板压力大时，采用木垛配合基本支架支护。

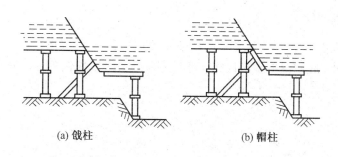

(a) 戗柱　　　　　　　　　(b) 帽柱

图 8 – 4　过断层一般支架示意图

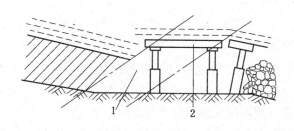

1—断层带；2——梁二柱

图 8 – 5　过断层走向棚子支护示意图

二、工作面过褶曲带

小褶曲发育的地区，有的地方煤层突然增厚，有的地方煤层突然变薄，甚至不可采。小褶曲带同样具有构造裂隙发育、围岩破碎、顶板管理困难、顶板事故多的特点。工作面过小褶曲带的围岩控制措施和过小断层破碎带的措施基本上相同，对工作面能直接通过的小褶曲，采取挑顶或卧底的方法处理，支护方式根据具体情况确定，可采用戗柱、戗棚、棚子或木垛等支架形式。工作面无法直接通过的小褶曲，则采用重掘开切眼的方法。

三、工作面过陷落柱

工作面过陷落柱（与奥灰水无导水裂隙）的方法和过断层一样，范围较大的陷落柱，用巷探法探明影响范围后，采取重掘开切眼绕过陷落柱的方法，小范围的陷落柱，根据陷落柱内岩石的破碎程度，采取以下措施直接通过：

（1）陷落柱内岩石破碎，要采用一梁二柱或一梁三柱的连锁棚，棚距不超过 0.5 m，棚梁上要背严背实，不漏矸；底软或空虚不实时，要用碎矸填实并穿上铁鞋。

（2）陷落柱的边缘地带，是围岩构造最复杂的地段，要用木垛配合基本支架控制围岩。如果岩石胶结不好，暴露后容易漏矸、塌顶，则应采用撞楔超前法管理顶板。

（3）过陷落柱应有专人负责，提前打眼爆破并超前一排进行。要打浅眼、少装药、放小炮，防止崩倒支架、崩坏顶板引起冒顶。

四、工作面过冲刷带

冲刷带是指成煤后由于古河流冲刷侵蚀了煤层、顶（底）板，而后砂石又充填了被侵蚀区，煤层及顶（底）板被砂岩代替，有时还在煤层内形成包裹体，具体示意如图8-6所示。

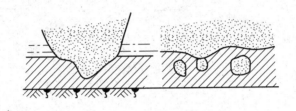

图8-6　冲刷和冲刷包裹体示意图

冲刷带煤层顶板一般由页岩变成砂岩，接触面凹凸不平，岩性变硬，煤层变薄或尖灭。冲刷带附近的煤层和围岩受水侵蚀和风化，孔隙度大，煤层松软，直接顶变薄，容易发生离层垮落。工作面过冲刷带应采取以下措施：

（1）根据冲刷带顶板的特性，一方面在冲刷带下的工作面必须按坚硬顶板管理，防止顶板大面积垮落时发生大面积冒顶事故；另一方面在冲刷带边缘，需防止局部冒顶事故的发生。

（2）过冲刷带的基本支架，多采用连锁棚，在冲刷带边缘棚距适当缩小，密集支柱应为三花或双排并增设木垛。

（3）采空区悬顶距离超过作业规程规定时，必须采用人工强制放顶。

第六节　松软破碎顶板的管理

破碎顶板的节理、层理较发育，胶结性能差，往往采后就自行垮落或因顶板空顶面积过大而局部漏顶，特别是工作面过断层时，使邻近支架"顶空"而倒柱，若处理不及时，则会使垮落面积增大。防止破碎顶板冒落的原则是要求支护密度大、悬露顶板少、控顶距要小、推进速度快。在初次来压和周期来压时，伪顶和破碎顶板容易和上覆直接顶或坚硬顶板离层而垮落。使用金属顶梁时，由于顶梁和顶板摩擦力很小，伪顶大面积垮落，支架往往成串被推倒造成大冒顶事故。因此，应采取适当顶板管理措施，常用的措施如下：

（1）凡托伪顶或破碎顶板的工作面，初采时不得推采开切眼的另一帮煤柱。

（2）工作面要布置成俯斜开采，尽可能避免仰斜开采，上、下平巷与工作面尽可能布置成直角或大于60°的交角，避免出现锐角。另外，要沿伪顶或破碎顶板掘进，避免挑顶掘进。

（3）支护密度不但要满足工作面支护强度的要求，也要有利于护顶。因此，应适当加大支护密度，采取提前背笆护顶和挂梁措施。机组上行割底煤时，跟机前撤临时柱，支贴帮柱，以缩短机道空顶时间和缩小空顶面积，控制机道冒顶。

（4）当顶板特别松软或有厚 0.3 m 以上的伪顶且割煤（爆破）后立即冒落时，可采用圆钢打超前托梁的办法。具体施工方法是，在距顶板 2~3 cm 处用煤电钻打眼，眼深 2.0 m，角度垂直于煤壁。打眼在割煤（爆破）前进行。打完眼后，穿入圆钢。圆钢直径 38 mm，长 2.4 m，布置在两侧顶梁的中间，外露 0.4 m。两个循环后，托梁留在煤壁内的深度为 0.8 m，外露 1.6 m，端部由支柱支撑。再割煤（爆破）前，继续使用上述方法。

（5）初次来压和周期来压时必须加强支护。在金属顶梁和顶板间背上板皮或笆片，以增加它们之间的摩擦阻力；用单排或双排交叉木垛增设抬棚戗柱，以增加支柱的稳定性。在倾角大于 20°的工作面，初次来压前最好不使用金属铰接顶梁，用木板梁和支柱配合支护；初次来压后，顶板稳定时再使用金属铰接顶梁。

（6）在炮采工作面，发现顶板沿煤壁有显著裂缝或下沉等现象时，工作面应停止爆破，在片帮严重的地方先打探板或挂上顶梁加强支护。

（7）条件允许时，从煤壁向斜上方顶板内钻眼，利用高压泵注入树脂凝固剂来黏结破碎顶板，以增加顶板的坚固性或固结易片帮的煤壁。

第九章

工作面特殊支护

在有周期来压的工作面中，当工作空间达到最大控顶距时，为了加强对放顶处顶板的支撑作用，回柱之前常在放顶排处另外架设加强支架，称为工作面的特种支架。特种支架的形式有丛柱、密集支柱、木垛、斜撑支架、托棚或戗柱、长钢梁支护以及切顶墩柱等，如图9-1所示。下面介绍丛柱、密集支柱、木垛、斜撑支架几种常见的特殊支护。

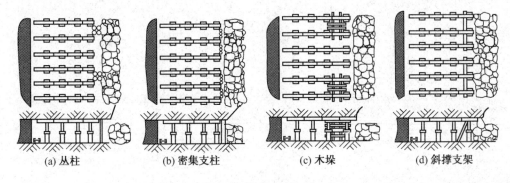

| (a) 丛柱 | (b) 密集支柱 | (c) 木垛 | (d) 斜撑支架 |

图9-1　特种支架形式

第一节　丛柱支护

丛柱就是紧挨着采空区侧基本支柱支设的一组顶柱，每组由3~6根点柱组成，如图9-2所示，多用在顶板压力较大的坚硬顶板下。

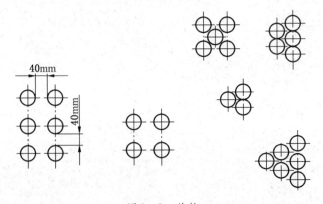

图9-2　丛柱

第二节 托 棚 支 护

托棚是由单体液压支柱或木柱与木梁（圆木或半圆木）组成的一梁三柱与工作面煤壁平行的支架，如图9-3所示。它用于无密集切顶支柱放顶的工作面，靠采空区一侧的末排基本支柱顶梁下支设，支撑原有支架，防止采空区垮落矸石推倒基本支柱或在工作面来压时，基本支架变形严重，用托棚临时加强支护。

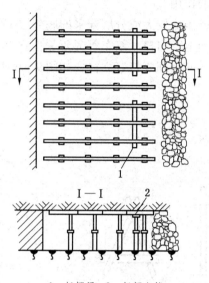

1—托棚梁；2—托棚立柱

图9-3 托棚临时加强支护示意图

第三节 戗 柱 支 护

戗柱是由单体液压支柱或木柱与短梁组成，支设方法是柱腿斜向加强方向，顶住原支设的基本支架或密集切顶支柱，如图9-4所示。戗柱也属于加强支护的一种，用于直接顶比较坚硬，回柱放顶后垮落的大块矸石有可能推倒密集切顶支柱或基本支柱的情况，也用于加强支护。

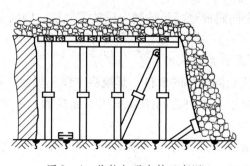

图9-4 戗柱加强支护示意图

第四节 木 垛 支 护

木垛是用坑木堆集而成，木垛形式有方形、长方形、三角形3种，如图9-5所示。操作顺序是在倾角不大的工作面架设木垛时，放第一层坑木要垂直工作面并用基本柱挡住防止下滑，然后逐层向上码放直至接触顶板为止。各层要保持平行，每层坑木各接触点要保持一直线并垂直顶底板，再用木楔背紧，楔子要打在上数一二层之间，这样木垛与顶板接触面积大，增强支撑顶板的作用。

木垛适用于顶板破碎而倾角比较大或分层开采的底分层工作面。工作面来压时，增加支护强度的临时措施及工作面上下出口、绞车等靠近采空区侧也常使用木垛来加强支护。在急倾斜工作面架设木垛时，四角都要打好立柱，如图9-6所示。

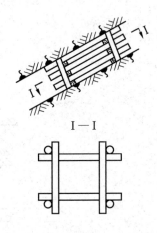

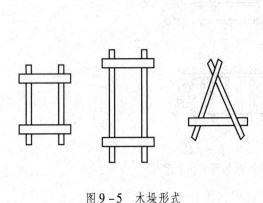

图9-5 木垛形式　　　　　　　图9-6 急倾斜工作面木垛打法

第五节 特种支架操作要求

一、架设木垛操作程序

（一）架设木垛操作程序

确定木垛位置。顺走向码放底层，顺倾向码放第二层。顺向交替码放到与顶板紧密接触为止，打好加紧楔。

（二）架设木垛必须符合系列规定

（1）架设木垛应选用相同规格的木料，其规格在作业规程（或措施）中有明确规定，架设必须符合作业规程要求。木料之间必须采用平面接触，不准使用圆木、三棱木及腐烂、破损和变形的木料。

（2）木垛一般应设成长方形、方形或实心的，靠工作面一侧及其侧面必须打齐，四角必须都打紧，加紧楔不得打在顶层。

（3）木垛层面应和工作面倾斜面一致，迎山角与基本支柱的迎山角相一致。上下方向各层的接触点必须保持在一条直线上。

（4）木垛应码放在基本支柱的上方。必须先架设好木垛后再回柱放顶，回柱放顶与架设木垛的距离不得小于 15 m。

（5）在断层或裂缝处码放木垛时，必须将木垛分别码于断层或裂缝的两边，不准在其正下方码木垛。

（6）倾斜、急倾斜工作面的木垛下方必须架设好护柱，架设前应在木垛位置的上方设置挡卡。

二、密集支柱和丛柱的架设

密集支柱和丛柱的规格、数量、排距，根据工作面条件在作业规程（或措施）中有明确规定，架设时必须符合作业规程要求。两段密集支柱之间必须留有宽度不小于 0.5 m 的安全出口，出口的距离符合作业规程规定。

三、托棚的架设

托棚的架设要根据工作面条件，在作业规程（或措施）中有明确规定，架设必须符合作业规程要求并保证与基本支架接实，架设时超前放顶的距离不得小于作业规程规定。

四、戗柱的架设

戗柱的位置、数量和架设方式，由于工作面条件的不同，其位置、数量和架设方式都不一样，但在作业规程（或措施）中有明确要求，架设时必须符合作业规程（或措施）规定。

第六节　特种支架的回撤

木垛多数在原有棚梁下边支设，回撤时先拆木垛后回棚。这样在有棚支撑的顶板条件下拆木垛时一般不冒顶，木垛比较容易回撤。如果木垛直接接触顶板，在回撤时应在木垛旁边先支设临时顶柱再回撤木垛。

回撤工作面上下安全出口处的抬棚、插梁棚等特种支架时，应先回撤插梁棚的立柱，再回插梁。在回撤抬棚前应支好临时支柱，再由内向外依次将抬棚梁下的支柱回撤，最后回收抬棚梁。

一些矿井在工作面两巷支护中，大量使用金属支架或个别巷道使用混凝土支架代替木支护，回收比较困难。如用绞车回收，容易造成金属棚梁、棚腿拉弯，混凝土棚拉坏，不能复用，唯一的办法就是超前用木棚或木梁金属支柱混合棚替换。这样做尽管费工费料，但却能有效减少金属棚或混凝土棚损失，提高其复用率。

丛柱、密集支柱、托棚、斜撑支架等应先于基本支柱回撤，撤出方法和安全注意事项与基本支柱的回撤类似。

第十章

局部冒顶的预防与处理方法

第一节　采煤工作面矿山压力显现与控制

一、矿山压力的概念

在煤层没有开采之前，岩体处于平衡状态，岩石处于原始应力状态，当在岩体内进行采掘工程后，形成了地下空间，破坏了岩体的原始应力，引起围岩中应力的重新分布并一直延续到岩体内形成新的平衡，在应力重新分布过程中，使围岩产生变形、移动、破坏，从而对工作面、巷道及围岩产生压力。矿山压力就是由于井下采掘工作破坏了岩体中原岩应力平衡状态，引起应力重新分布，因此，把存在于采掘空间周围岩体内和作用在支护物上的力称为矿山压力。矿山压力的来源一是自重应力，二是构造应力，三是膨胀应力。在矿山压力作用下所引起的一系列力学现象，如围岩变形、岩体离层、煤体压酥、顶板下沉和垮落、底板鼓起、片帮、支架受载、变形和损坏、煤岩层和地表移动、冲击地压、煤与瓦斯突出等现象，均称为矿山压力显现。

二、采煤工作面矿压显现

矿山压力显现是指在矿山压力作用下造成的煤壁片帮、支架受载变形、煤的压出、冲击地压及煤与瓦斯的突出等围岩变形破坏。采煤工作面矿压显现的主要形式：工作面顶板下沉、支架变形与折损、顶板破碎或大面积冒落、煤壁片帮、支柱插入底板、底板膨胀鼓起等。

（一）煤矿直接顶稳定性分类与基本顶压力显现强度分级

直接顶是指直接位于煤层之上的易垮落岩层。煤矿直接顶稳定性分类以直接顶初次垮落步距为主要指标，分为不稳定顶板、中等稳定顶板、稳定顶板、非常稳定顶板4类。

基本顶是位于直接顶之上较硬或较厚的岩层。根据基本顶来压显现程度，将基本顶分为四级：Ⅰ级为基本顶来压不明显，Ⅱ级为基本顶来压明显，Ⅲ级为基本顶来压强烈，Ⅳ级为基本顶来压极强烈。

（二）采煤工作面顶板来压与岩层结构的关系

采场需控岩层范围包括直接顶和基本顶两部分。在采场推进过程中，由于各岩层承受的矿山压力大小不同及支承条件的差异，就其运动发展状况来说可分为两个阶段，分别为初次运动阶段和周期运动阶段。

1. 初次运动阶段

从岩层由开切眼开始悬露，到对工作面矿压显现有明显影响的 1~2 个传递岩梁第一次裂断运动结束为止，为需控岩层的初次运动阶段。其中包括直接顶岩层的第一次垮落。采煤工作面自开切眼推进一段距离后，直接顶悬露达到一定跨度，就要对采空区顶板进行初次放顶，使直接顶垮落下来，这一过程称为直接顶的初次垮落。

随着采煤工作面的继续推进，基本顶悬露跨度逐渐增大，产生弯曲，达到一定跨度时，发生垮落。基本顶第一次垮落称为基本顶的初次垮落。基本顶初次垮落时，最大悬露跨度称为基本顶初次垮落步距。把由于基本顶第一次失稳而产生的工作面顶板来压，称为基本顶的初次来压。由开切眼至初次来压时工作面推进的距离称为基本顶的初次来压步距。

基本顶初次来压时的特点：

（1）顶板下沉量大、支柱载荷增大。

（2）煤壁内的支承压力增大，煤壁变形与片帮严重，形成增压区、减压区、稳压区。

（3）直接顶破碎并有掉渣现象。

（4）初次来压比较突然，容易造成严重事故。

初次来压步距的大小与基本顶岩层的力学性质、厚度、破断岩块间互相咬合的程度等有关。同时，也与地质构造等有关，一般为 20~35 m，个别工作面为 50~70 m，甚至更大。

2. 周期运动阶段

当采煤工作面继续推进，基本顶悬挂臂跨度达到极限跨度时，基本顶在其自重及上覆岩层载荷的作用下，将沿采煤工作面煤壁甚至煤壁之内发生折断和垮落。从岩层初次运动结束到工作面采完，基本顶岩梁按一定周期有规律地断裂运动，称作周期性运动阶段。在此阶段岩层的约束条件发生了根本性变化：直接顶岩层在采场里为一端固定的"悬臂梁"，基本顶岩梁则为一端由煤壁支承、另一端由采空区矸石支撑的不等高的传递岩梁。

随着采煤工作面的推进，基本顶这种"稳定—失稳—再稳定"现象将周而复始地出现，使采煤工作面矿山压力周期性明显增大。这种基本顶的周期性破断失稳对工作面产生周期性的来压显现，称为基本顶的周期来压。

基本顶两次周期来压间隔时间称为来压周期。在来压周期内采煤工作面推进的距离称为周期来压步距。周期来压步距一般为 20 m 左右。

周期来压主要有以下几种表现形式，它们可能单独呈现，也可能是其中几种联合出现：

（1）顶板下沉速度急剧增加。

（2）顶板的下沉量变大。

（3）支柱所受的载荷普遍增加。

（4）有时还可能引起煤壁片帮。

（5）顶板发生台阶下沉等现象。

有的工作面没有明显的老顶（基本顶），所以也就没有初次来压与周期来压的现象。

（三）工作面上覆岩层移动规律

根据岩层移动特征，可将煤层的上覆岩层分为冒落带（Ⅰ）、裂隙带（Ⅱ）、弯曲下沉带（Ⅲ），如图 10-1 所示。

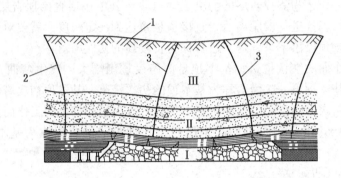

1—地表塌陷区；2—岩层开始移动边界线；3—岩层移动稳定边界线

图 10-1　开采后岩层移动概貌示意图

（1）冒落带。该部分岩层在采空区已经垮落，在采场由支架暂时支撑，在推进方向上不能始终保持传递水平力的联系。

（2）裂隙带。该部分岩层在推进方向上裂隙较发育，各岩层的裂隙程度已扩展到（或接近扩展到）全部厚度。在采场推进过程中能够以"传递岩梁"的形式周期性断裂运动，在推进方向上能始终保持传递水平力的联系。该部分岩层也是内应力场的主要压力来源。

（3）弯曲下沉带。弯曲下沉带的岩层在采场推进很长一段距离后才会开始运动，其运动缓慢，运动结束后在推进方向上形成的裂隙，无论在数量上还是在深度上都比裂隙带少和小。弯曲下沉带运动的最终结果是在地表形成沉降盆地。

其中，对采场矿压显现有明显影响的是冒落带和裂隙带中的下位 1~2 个传递岩梁。一般情况下，把冒落带称为直接顶；对采场矿压显现有明显影响的 1~2 个下位传递岩梁称为基本顶，直接顶与基本顶的全部岩层为采场需控岩层范围。

三、采煤工作面采空区处理

采空区的处理方法主要根据顶底板岩层的力学性质及其层位组成、煤层的厚度、地面的特殊要求（如河流、铁路、建筑物下采煤）等因素来选择。主要方法有全部垮落法、充填法、缓慢下沉法和煤柱支撑法。我国各矿区广泛采用全部垮落法，简单可靠，费用少，少数矿区采用充填法，个别矿井采用缓慢下沉法和煤柱支撑法，如图 10-2 所示。

1. 全部垮落法

使采空区悬露顶板垮落后充填整个采空区的顶板控制方法叫全部垮落法。全部垮落法处理采空区，就是对工作面以外的采空区顶板，在撤去支架支撑的情况下，让其自行垮落或强迫其垮落，以减少工作面的顶板压力。垮落的岩石因具有一定的碎胀性，可以充填采空区，当垮落的岩块能填满采空区时，可对基本顶有一定的支撑作用，从而减轻基本顶对工作面的影响。全部垮落法的作业范围主要是放顶区，即从原切顶线到新切顶

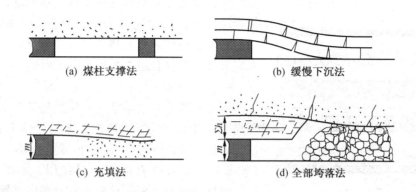

图 10 - 2 采空区的处理方法示意图

线的区域。全部垮落法处理采空区的主要工作，是在切顶线架设作业规程规定的特殊支架（如密集支柱、丛柱、木垛、戗棚及戗柱等）和回柱放顶，在综采工作面主要是移架。该方法适用于顶板较易垮落的工作面，直接顶厚度在大于采高的 2~4 倍时效果最好。

2. 充填法

充填法主要适用于开采坚硬顶板煤层、特厚煤层、建筑物下和河下、铁路下采煤。充填法处理采空区，主要是用水力（或风力）作动力，通过管路由地面或井下将砂子、矸石运到工作面，填满采空区，支撑顶板，减少上部岩（煤）层的移动，使之支撑顶板而不致垮落，充填法如图 10 - 3 所示。我国采用最多的是水砂充填法，用压缩空气作动力的风力充填法使用的较少。

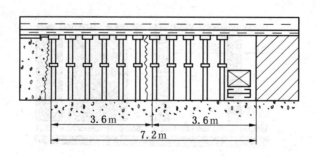

图 10 - 3 充填法

薄煤层开采时，顶板难以垮落，为有效控制顶板，用矸石带支撑采空区坚硬顶板，以减轻对工作面压力的充填法叫部分充填法，如图 10 - 4 所示。矸石来源一般为工作面的夹矸或挑落两矸石带间的顶板岩石，用人工砌筑矸石带。由于矸石来源困难和劳动量大，此方法现在也很少采用。

3. 缓慢下沉法

缓慢下沉法处理采空区，实质是当工作面采高不大时，利用顶板岩层具有的塑性可弯

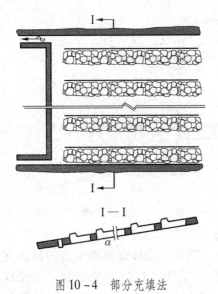

图 10-4 部分充填法

曲性能，使之在采空区弯曲下沉而不垮落，直至与底板岩层接触，从而充满采空区并控制上覆岩层的活动。它主要适用于开采塑性顶板的薄煤层，当底板具有底鼓性质时更合适，如图 10-5 所示。

4. 煤柱支撑法

煤柱支撑法处理采空区，实质是工作面推进一段距离后，在采空区留下适当宽度的煤柱来支撑顶板。这种方法主要在煤层顶板是非常坚硬难垮落的岩层（如砾岩、厚层砂岩顶板）时使用，如图 10-6 所示。煤柱尺寸必须根据顶板岩性及煤层坚硬程度来确定，一般为 4~6 m，煤柱间距一般为 40~50 m。

煤柱支撑适用于顶板岩石特别坚硬、人工强制放顶也很难垮落的顶板条件。此方法虽简化了采空区处理，避免了周期来压对工作面的影响，但煤炭资源损失量大，资源回收率低，工作面搬家频繁。

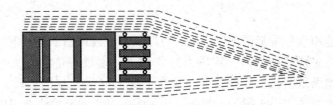

图 10-5 缓慢下沉法处理采空区示意图

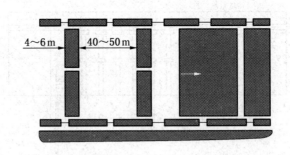

图 10-6 煤柱支撑法处理采空区示意图

第二节 采煤工作面局部冒顶的预防

采掘工作空间或井下其他工作地点局部范围内顶板岩石坠落造成的顶板事故叫局部冒顶。一般以冒顶高度、长度、宽度以及冒顶影响生产时间等来表示显现程度。虽然局部冒顶范围较小，但冒顶前一般都有一些预兆。这类事故冒顶范围小，容易被人忽视，但统计资料表明，每年因局部冒顶事故死亡的人数占所有顶板事故的 60%～70%，而重伤事故比重则占 80% 以上。因此必须注意局部冒顶前的预兆，及时采取措施，预防局部冒顶事故的发生或控制在最小范围不让其扩大。

一、试探冒顶危险的方法

试探有没有冒顶危险的方法主要有以下 3 种：

（1）观察预兆法。顶板来压预兆主要有声响、掉渣、片帮、出现裂缝、漏顶、离层等现象。由有经验的老工人，认真观察工作面围岩及支护的变异情况，直观判断有无冒顶的危险。

（2）木楔探测法。在工作面顶板（围岩）的裂缝中打入小木楔，过一段时间进行一次检查，如发现木楔松动或者掉渣，说明围岩（顶板）裂缝受矿压影响在逐渐增大，预示有冒顶的危险。

（3）敲帮问顶法。这是最常用的方法，其中又分锤击判声法和震动探测法两种。前者是用镐或铁棍轻轻敲击顶板和帮壁，若发出的是"咚咚"的清脆声，则表明围岩危险，若发出"砰砰"的沉闷声，表明顶板已发生剥离或断裂，是冒顶或片帮的危险征兆。后者是对断裂岩块体积较大或松软岩石（或煤层）用判声法难以判别时进行探测的方法。具体做法是：用一手手指扶在顶板下面，另一手用镐、大锤或铁棍敲打顶板。如果手指感觉到顶板发生轻微震动，则表明此处顶板已经离层或断裂。这种操作方式工人应站在支护完好的安全地点进行。

二、采煤工作面局部冒顶地点

采煤工作面顶板事故常发生在靠近两线（煤壁线、放顶线）、两口（采场两端）及地质构造带附近。

（1）靠煤壁附近的局部冒顶。煤层的直接顶中，存在多组相交裂隙时，这些相交的裂隙容易将直接顶分割成游离岩块，极易发生脱落。

（2）放顶线附近的局部冒顶。放顶线上支柱受力是不均匀的，当人工回拆"吃劲"的支柱时，往往支柱一倒下顶板就冒落，如果回柱工来不及退到安全地点，就可能被砸而造成顶板事故。

（3）工作面两端的局部冒顶。对于工作面两端包括工作面两端机头机尾附近以及与工作面相连的巷道，特别是在工作面两端机头机尾处，暴露的空间大，支承压力集中，巷道提前掘进，引发了巷道周边的变形与破坏。经常要进行机头机尾的移置工作，拆除老支柱支设新支柱时，碎顶可能进一步松动冒落。随着采煤工作面的推进，要拆掉原巷道支架的一个棚腿，换用抬棚支撑棚梁，这一拆一支之间碎顶也可能冒落。

（4）地质破坏带附近的局部冒顶。地质破坏带及附近的顶板裂隙发育、破碎，断层面间多充以粉状或泥状物；断层面都比较尖滑，使上、下盘之间的岩石无黏结力，尤其是断层面成为导水裂隙时，更是彼此分离。单体支柱工作面如果遇到垂直于工作面或斜交于工作面的断层时，在顶板活动过程中，断层附近破断岩块可能顺断层面下滑，从而推倒工作面支架，造成局部冒顶。

三、采煤工作面局部冒顶的一般预防措施

（1）支护方式要与顶板岩性相适应，不同岩性的顶板要采用不同的支护方式。确定合理的控顶距、排距和柱距，是防止发生冒顶事故的重要措施之一。

（2）采煤后要及时支护，防止顶板悬露面积过大。

（3）合理布置炮眼，装药量要适当，炮道应有足够的宽度，防止爆破崩掉棚子。一旦崩掉棚子，必须及时架设，不许空顶。

（4）工作面遇到断层时，应及时加强支护，爆破作业时应避免对顶板震动过大，防止断层处出现漏顶现象。对于有些综采工作面、高档普采和炮采工作面，回采过程中，煤壁的前方顶板和煤层特别破碎，为保证正常割煤，不漏矸石，可采用全楔式木锚杆。当断层处的顶板特别破碎、用锚杆锚固的效果不佳时，可采用注入法，将较多的树脂注入大量的煤岩裂隙中，进行预加固。

（5）顶板必须背严背实，防止出现漏顶现象。

（6）采用正确的回柱方法，防止顶板压力向局部支柱集中，造成局部顶板破碎及回柱工作的困难。

第三节　采煤工作面局部冒顶的处理方法

采煤工作面发生局部冒顶后，要采取有效措施防止冒顶范围扩大，防止从局部冒顶发展成大面积冒顶，造成更大的事故。

一、一般处理方法

局部发生冒顶后的处理方法是，先在冒顶区上下部加固支柱，防止冒顶范围继续扩大。然后用顶柱、托棚等支架加固冒顶区的顶板，如顶板冒落已形成拱形时可在棚梁上打木垛接顶，使顶板不再冒落。护住顶板后清除冒落的矸石，如矸石压埋输送机无法开机时，缩短机尾或开小巷使输送机恢复运转。处理完矸石后再根据具体情况增补支架，恢复工作面的生产。

二、端头处冒顶的预防和处理方法

工作面上下端头是局部冒顶的高发点，据统计，占整个采煤工作面冒顶事故的20%，也是工作面顶板管理的重点和难点，预防端头冒顶事故是整个顶板事故预防中的重要内容。端头冒顶的类型有复合顶板端头推垮型冒顶、端头大面积悬顶时顶板断裂时造成的压垮型冒顶、移工作面输送机机头压垮型冒顶、端头有空洞上层顶板垮落冲击型冒顶以及端头顶板台阶下沉型冒顶五种类型。端头局部冒顶是可预防的，主要预防措施如下：

（1）提高端头支架的整体性和稳定性。应广泛使用十字铰接顶梁支护端头以及加强上下两巷超前支护，支护系统必须具有一定的侧向抗力，以防止基本顶来压时推倒支架。

（2）提高支护强度。端头支架的支护强度应提高到工作面正常支护强度1.6倍以上，主要是增加支护密度、增加抬棚及木垛等，不仅能支撑松动下来的直接顶岩重，还能支撑住基本顶来压时施加的冲击力。

（3）端头采用锚杆支护。在复合顶板条件下，为了防止顶板离层、移动，在做超前切口的时候用超前锚杆锚固端头顶板，有显著的预防效果，支护系统必须始终没有可导致顶板局部冒落的"空档"。

（4）工作面回柱放顶后，让顶板及时垮落，工作面两道靠采空区侧顶板悬顶超过要求时，必须按规程要求采取措施处理。

目前，工作面上下出口广泛应用"四对八根"Ⅱ型长钢梁或双楔梁或十字铰接顶梁配单体液压支柱支护，两巷超前支护20～40 m应用单体液压支柱配铰接梁加强支护。只要按规程要求支护，一般都能有效防止上下两出口的局部冒顶。

但是，如果在端头处冒顶，无法处理冒落区时，一般采用掘进补巷绕过冒顶区，接通输送机后即可恢复生产，如图10-7所示。

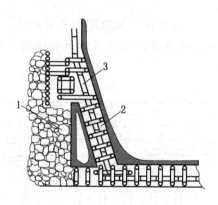

1—冒顶区；2—补巷；3—新接的输送机

图10-7　端头补巷绕过冒顶区平面示意图

三、金属网人工顶板下局部冒顶处理方法

金属网人工顶板冒顶多为网破漏矸，处理这种冒顶事故时，一般先挡住矸石再补网和整修工作面。先在冒顶区的边缘，垂直工作面支设双腿套棚，托住金属网不再下沉，再用小直径圆木或小旧钢轨平行工作面打穿楔，挡住矸石、托住网。将漏下的矸石出净后再把网破损处补好，这样由外向里每整修1 m支一架双腿棚子，在棚梁上打插梁维护人工顶板（撞楔套棚），直至恢复生产为止，处理方法如图10-8所示。

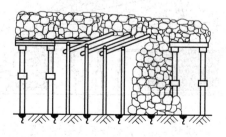

图10-8　金属网下冒顶处理方法示意图

四、顶板有小地质构造时预防局部冒顶的方法

（1）查明工作面的顶板是否有小地质构造、影响范围有多大，以便在制订作业规程、选择支护形式时，采取有针对性的设计和措施。

（2）考虑支护方式时必须选择能及时支护或超前支护的支架。

（3）破煤后必须先挂梁或打探顶杆再作业，不得在无支护区内作业。

五、工作面局部空顶的处理

采煤工作面因局部空顶，上部大块岩石突然冒落冲击造成局部冒顶伤亡事故占总冒顶伤亡事故的比重是很大的。因此，必须重视这种事故的预防工作。形成局部空顶的原因主要有以下几种：

（1）局部漏顶没有填实形成的空洞。当直接顶非常破碎、松软，由于支护不及时或刹顶不严，漏顶后没引起重视，也未采取填实或刹严等措施，使上层顶板悬空造成隐患，如图10-9所示。

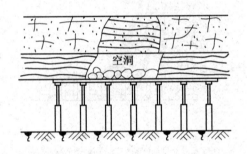

图10-9　局部漏顶形成的空洞

这种情况一般都发生在控顶区内，如果在空洞下放顶对回柱人员的安全威胁很大，在没有预防性措施的情况下往往会发生局部冒顶事故。

（2）上分层大块岩石冒落形成的空洞。在厚煤层分层开采工作面，如果上分层的顶板冒落岩块较大，造成空洞，当第二分层的工作面采到此处时，人工顶板上部的空洞就成一大隐患，如图10-10所示。

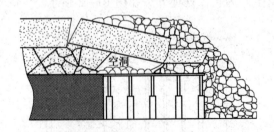

图10-10　大块岩石造成的空洞

这种空洞初时较稳定,当放顶线延伸到大岩块的下端时,岩块向采空区移动,岩块上端失去支撑点的瞬间产生较大的冲击力,推垮支柱并波及比空洞更大的范围,形成局部冒顶,对回柱放顶人员的安全威胁极大。

(3) 上分层的支架没回收造成的悬顶。在上分层开采过程中,没有把该回收的支架、木垛回撤。当下分层采到此处时,造成局部有悬顶,如图 10 – 11 所示。

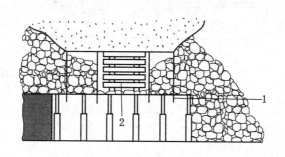

1—上分层留下的支柱；2—木垛

图 10 – 11　上分层留下的支柱及木垛造成的悬顶

这种情况如处理不当,上分层插入煤中的支柱,在采下分层时悬露出来失去支撑能力,悬顶冒落,其冲击力造成局部冒顶。另一种情况是回柱工作到悬顶下,也会形成较大的冲击造成局部冒顶。这两种事故,在实际工作中都有造成人员死亡的实例。

防止空洞、悬顶冒落冲击造成局部冒顶事故的预防措施:在局部顶板破碎处采取超前支护的方法,将顶板插严背实防止漏顶;如有漏顶必须采取封堵措施,不能任其扩大,形成面积更大、高度更高的空洞;对已形成的空洞必须详细调查其位置、面积、高度、顶板岩性以及周围地质构造等,把它们标明在图纸上以便采取预防措施。当空洞面积、高度不大时,可以在加固空洞周边的支架后,在空洞中间支设一根木支柱作临时点柱,然后在洞中打木垛接顶,如图 10 – 12 所示。

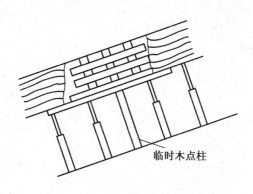

临时木点柱

图 10 – 12　木垛填空洞法

当冒落空洞较大,冒落高度加采高在 3 m 以上、上层顶板又较完整时,在单体支柱工作面可在空洞内打上高木柱,柱间钉上拉木,空洞周边用木料背实并在周边打上锚杆,对空洞顶板进行直接支护，如图 10-13 所示。

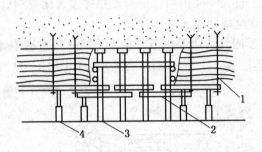

1—锚杆；2—拉木；3—高木柱；4—周边加固柱

图 10-13 对空洞顶板直接支护

第四部分
支护工高级技能

第十一章

工作面的安装与收尾

第一节　工作面的安装

一、工作面安装前的准备工作

选择煤层赋存平缓、围岩稳定的地带布置开切眼。尽量避开地质构造（如断层、冲刷带、节理裂隙发育带、陷落柱）和上层煤柱下方、老巷上下方及有煤和瓦斯突出危险的地带。开采近水平煤层，开切眼与工作面巷道垂直；开采缓倾斜煤层时，为防止工作面输送机下滑，开切眼可以与工作面巷道有一定的夹角。开切眼内杂物清理干净，轨道铺设符合标准，便于运输。

二、设备准备

所有支柱必须按照规定做下井前的检查、试验。设备进行试运转，正常后按顺序装车下井。所有装设备的车辆必须捆紧、封好。

三、安装准备

准备好起重和运输机具，根据工作面起吊和运输的设备、零部件的需要，选好手动葫芦、钢丝绳、锚链、绞车、各种滑轮和各种工具，认真检查这些设备，保证其完好。另外准备好泵站，接好管路。

四、设备的井下运输

设备运送时，要求车辆连接装置必须牢固可靠，斜坡运输时必须加保险绳。机车运输时，接近风门、巷口、硐室出口、弯道、道岔坡度较大处以及前方有机车导致视线不清时，都必须发出警号并低速运行，以防紧急刹车，导致车辆间相互碰撞或掉道。要求两列车同向运行，其间距不得小于100 m。在自溜坡道上停放的车辆，必须用可靠的制动器或阻车器稳住车辆，以防发生跑车事故。在轨道斜坡用绞车拉运设备时，必须配备专职的、操作熟练的绞车司机、把钩工、信号工，对绞车的各部件和制动装置应仔细检查，确保绞车安全运行。

设备起吊前必须检查绳索是否捆好。信号要统一，吊装指挥人员应站在所有人员能看到的位置，严禁人员随同起吊设备升降或从起吊设备的下方通过。起吊设备必须垂直起吊，严禁斜吊。根据不同起吊作业要求，正确选择钢丝绳的绳扣和绳卡。使用锚链起吊时，连接环螺母必须拧紧，严禁使用报废的锚链起吊。使用千斤顶起重时，千斤顶应放平整并在其下方垫上坚韧的木料，不得用铁板或有油污的木料垫衬，防止打滑。为了防止千斤顶滑脱或损坏而发生危险，必须及时在重物下垫保险枕木。

五、设备的安装

（一）工作面刮板输送机的安装

（1）准备工作。确定机头机尾进入工作面的路线，准备好各零部件、附件和专用工具，各螺栓、螺帽等分类装好备用，安装位置平直，无浮煤、杂物、障碍等。

（2）安装顺序。安装机头→安装中部槽和底链→铺上链→紧链→安装挡煤板、铲煤板→其他装置。

（3）安装质量要求。机头必须摆正，稳固，垫实不晃动。中部槽的铺设要平、稳、直，方向必须正确。挡煤板与中部槽帮之间要靠紧、贴严无缝隙，铲煤板与中部槽帮之间要靠紧。圆环链焊口不得朝向中板，不得拧链。双链刮板之间各段链环必须相等。使用旧链时长度不得超限，两边长度必须相等。刮板的方向不得装错，水平方向连接刮板的螺栓，头部必须朝运行方向；垂直方向连接刮板的螺栓，头部必须朝向中板，安装的信号符合规定。

（二）采煤机的安装

（1）准备工作。确定端头支护方式，维护好顶板，开出机窝。准备绞车硐室，安好绞车，准备好各种工具。

（2）安装顺序：

① 有底托架的采煤机。安装底托架→安装牵引部、电动机部→左右截割部→连接调高千斤顶、油管、水管、电缆等附属装置→安装滚筒→接通电源、水源。

② 无底托架的采煤机。安装完整的左右截割部→安装牵引部和电动机组→连接各种管路和装好千斤顶→安装滚筒→接通电源、水源。

（3）质量要求。零部件完整无损、螺栓齐全紧固，手把按钮动作灵活、正确，电动机部与牵引部、截割部螺栓连接紧固，滚筒及其弧形挡煤板的螺钉齐全紧固，油脂、油量符合要求。无漏油、漏水现象。电机接线正确，滚筒旋转方向适合工作面要求，空载试验低压正常，运转声响无异常。电缆夹板齐全，长度符合要求。冷却水、内外喷雾系统符合要求，截齿齐全。

第二节　工作面收尾的顶板控制措施

采煤工作面推进到设计终采线，撤除全部机电设备和支柱，使顶板全部垮落的工作称为工作面收尾。工作面收尾与正常开采时回柱放顶相比有其特殊性，在这里介绍单体液压支柱工作面收尾的顶板控制措施。

（1）工作面快推进到终采线前，应提前预测设计终采线处是否处在周期来压期。如果工作面终采线处在周期来压期，应提前结束回采或推过终采线，以避开周期来压对工作面回撤的影响。如工作面和终采线不平行，则应在工作面到达终采线前调面，摆正对齐。

（2）收尾时工作面要留出支护良好的最小控顶距空间，便于行人、运料。其支护方式根据工作面顶板岩性在作业规程中确定。

（3）工作面收尾过程中，在一个安全出口条件下作业时，必须有防止发生冒顶伤人、堵人的安全措施。所有出口范围内的顶帮要设专人维护，确保收尾作业时人员退路的畅通。

（4）回柱时必须两人一组作业，一人回柱、一人观察顶板，严禁单人作业。回柱人员必须站在所撤支柱的倾斜上方并且支架完整和无崩绳、崩柱、甩钩、断绳抽人等危险的安全地点工作。木支柱、木垛等必须用机械回撤，放顶区域内的支架必须回收干净。

（5）回柱必须按由下而上，由采空区向煤壁的顺序进行。煤层倾角小的工作面也可从中间向两头回柱，但要特别注意防止垮落岩石下滚造成事故。

（6）回柱作业中，如果工作地点出现温度升高、有害气体积聚超限的，要安设局部通风机加强通风。

（7）金属网假顶下分层工作面，应在煤壁内保留有足够长的网道。下分层终采线较上分层终采线要向采空区方向错开一定距离，避开上部煤柱的集中应力。

第十二章

支护器材的维修

第一节　液　压　传　动

一、液压传动的基本概念

液压传动是以液体（液压油或水）作为工作介质，在密封的回路里，利用液体的压力来传递动力和进行控制的一种传动方式。它利用液压泵将电动机的机械能转换为液体的压力能，通过液体压力能的变化来传递能量，经过各种控制阀和管路的传递，借助于液压执行元件（缸或马达）把液体压力能转换为机械能，从而驱动工作机构，实现机构的运转。

液体传递的能量与流量、流速和管路大小密切相关。流量是指单位时间内流过管道或液压缸某一截面的液体体积，通常用 Q 表示。若在时间 t 内，流过某一截面的液体体积为 V，则流量为

$$Q = V/t$$

流量的单位为 m^3/s。

按试验标准规定，连续运转必须保证的流量称为额定流量。它是液压元件的基本参数之一。

（一）液流连续性原理

液流经无分支管道时，每一横截面上通过的流量一定是相等的，这就是液流连续性原理。

（二）压力的建立和传递

（1）压力的概念。油液中的压力主要是由油液自重或油液表面受外力作用而产生的，忽略油液自重，油液压力是指液体表面受外力作用产生的压力。

（2）额定压力。正常条件下按试验标准规定连续运转的最高压力称为额定压力。

（3）静止油液中压力的特征。在密闭容器中的静止油液体，当一处受到压力作用时，这个压力将通过液体传到连通器的任何一点而且其压力处处相等。因此，静止的油液中，任何一点所受的各个方向的压力都是相等的。

（4）液压传动系统中压力的传递。液压传动系统中某处油液的压力是由于受到各种形式负载的挤压而产生的；压力的大小取决于负载并随负载的变化而变化；当某处有几个

负载并联时，压力取决于克服负载的各个压力值中的最小值；压力建立的过程是从无到有，从小到大迅速进行的。

（三）液压传动基本理论

静止液体在单位面积上所受的法向力称为静压力。静压力在液压传动中简称压力，在物理学中则称为压强。

（1）液体静压力垂直于承压面，其方向和该面的内法线方向一致。

（2）静止液体内任一点所受到的压力在各个方向上都相等。如果某点受到的压力在某个方向上不相等，那么液体就会流动，这就违背了液体静止的条件。

二、液压传动的工作原理及系统组成

（一）液压传动的工作原理

液压传动的工作原理可以用一个液压千斤顶的工作原理来说明，如图 12-1 所示。

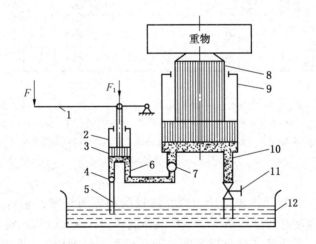

1—杠杆手柄；2—小油缸；3—小活塞；4、7—单向阀；5—吸油管；
6、10—管道；8—大活塞；9—大油缸；11—截止阀；12—油箱

图 12-1　液压千斤顶工作原理图

从液压千斤顶的工作原理图可以看出，大油缸 9 和大活塞 8 组成举升液压缸。杠杆手柄 1、小油缸 2、小活塞 3、单向阀 4 和 7 组成手动液压泵。如提起手柄使小活塞向上移动，小活塞下端油腔容积增大，形成局部真空，这时单向阀 4 打开，通过吸油管 5 从油箱 12 中吸油；用力压下手柄，小活塞下移，小活塞下腔压力高，单向阀 4 关闭，单向阀 7 打开，下腔的油液经管道 6 输入大油缸 9 的下腔，迫使大活塞 8 向上移动，顶起重物。再次提起手柄吸油时，单向阀 7 自动关闭，使油液不能倒流，从而保证了重物不会自行下落。不断地往复扳动手柄，就能不断地把油液压入举升缸下腔，使重物逐渐地升起。如果打开截止阀 11，举升缸下腔的油液通过管道 10、截止阀 11 流回油箱，重物就向下移动。

（二）液压传动系统的组成

一个完整的、能够正常工作的液压系统如图 12-2 所示，该系统主要由以下 5 部分

组成：

（1）动力元件（油泵）。它的作用是把液体利用原动机的机械能转换成液压能。

（2）执行元件（油缸、液压马达）。它是将液体的液压能转换成机械能。其中，油缸做直线运动，马达做旋转运动。

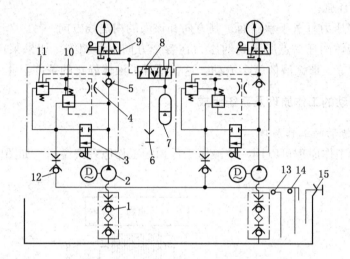

1—吸液断路器；2—乳化液泵；3—卸载阀；4—节流阀；5—单向阀；6—去工作面接头；
7—蓄能器；8—交替双进液阀；9—压力表开关；10—主阀；11—先导阀；12—回液
断路器；13—过滤槽接头；14—过滤器接头；15—工作面回液接头

图 12-2　液压系统图

（3）控制元件。控制元件包括压力阀、流量阀和方向阀等，它们的作用是根据需要无级调节液动机的速度并对液压系统中工作液体的压力、流量和流向进行调节控制。

（4）辅助元件。除上述 3 部分以外的其他元件称为辅助原件，包括压力表、滤油器、蓄能装置、冷却器、管件及油箱等。

（5）工作介质。工作介质指各类液压传动中的液压油或乳化液，它经过油泵和液动机实现能量转换。

（三）液压传动的优缺点

1. 液压传动的优点

（1）在同等体积下，液压装置比电气装置产生更多的动力。

（2）采用液压传动可实现无间隙传动，运动平稳。

（3）液压装置能在大范围内实现无级调速，还可以在运行过程中调速。

（4）液压传动易于自动化，易于对液体压力、流量或流动方向进行调节或控制。

（5）液压装置易于实现过载保护。

（6）由于液压元件已实现了标准化、系列化和通用化，液压系统的设计、制造和使用都比较方便。

（7）用液压传动实现直线运动远比用机械传动实现直线运动来的简单。

2. 液压传动的缺点

（1）液压传动在工作过程中常有较多的能量损失（摩擦损失、泄漏损失等），长距离传动时更是如此。

（2）为了减少泄漏，液压元件在制造精度上的要求较高，因此造价较高而且对工作介质的污染比较敏感。

（3）液压元件维修较复杂，对操作人员的技术水平要求高。

（4）液压传动对油温变化比较敏感，它的工作稳定性容易受到温度的影响，因此不宜在很高或很低的温度下工作。

三、乳化液和乳化泵

乳化液属抗燃液压油，它由水、基础油和各种添加剂组成。有水包油乳化液和油包水乳化液，前者含水量达90%～95%，后者含水量达40%。在煤矿井下生产中，乳化液是传递单体液压支柱和液压支架等液压设备工作动力的介质。

（一）配制乳化液的方法

配制乳化液一般可采用倾倒法、喷射混合（文丘里喷嘴）、计量泵混合等方法。配制乳化液应遵照以下原则：

（1）先加水，后加原液。

（2）水、原液温度一致（原液温度不能过低）。

（3）人工混合时，搅拌应充分、均匀，搅拌方向始终如一。

需要强调的是，水、原液的添加顺序如颠倒，易形成油包水（W/O）型乳液，呈现糊状乳液，影响乳液的加工性能（冷却、冲洗性能降低）。工作中需要的是水包油（O/W）型乳化液，水、原液温度不一致或原液过冷，则难以混合均匀。一般要求原液与水达到室温条件时（10～30 ℃）混配。目前，乳化液的配置应按规定使用乳化液自动配比器。

（二）使用乳化液的基本要求

（1）黏度适当。因为高压液体在液压设备组件中流动速度很高，若乳化液黏度大，工作时黏性阻力大、温度高，直接影响阀件的性能和寿命。

（2）应有良好的消泡性。油液中含水泡较多时，受压后压缩量大，降低液压设备的性能。

（3）对塑料件、橡胶件及金属无溶解、腐蚀、硬化和变质等有害影响。

（4）有良好的润滑性能和防锈性能。

（5）无有害气味，对人体皮肤无刺激性。

（6）凝点低，可适应北方冬季运输的需要，防止油缸冻裂。

（三）使用乳化液的注意事项

（1）配液后，应严格检验配液浓度是否达到要求。浓度检验可用折光仪，也可用计量法。

（2）工作过程中，如发现乳化液有大量析皂、变色、发臭或不乳化等异常现象，必须立即更换新液，查明原因。

（3）乳化液箱要加盖并保持清洁，防止脏物进入乳化液箱。

（4）应采用同一牌号、同一厂家生产的乳化油，如果使用不同厂家或不同牌号的乳化油，必须清理乳化液箱，重新配置乳化液。

（5）乳化液的工作温度不得高于40 ℃。

（四）乳化液泵站的主要功能及组成

乳化液泵站是用来向综采工作面液压支架或普采工作面单体液压支柱输送乳化液的设备。它是采煤工作面支护设备及推移装置的动力源，并可用作其他液压设备和高压水射流设备的动力源（图12－3）。乳化液泵站液压系统主要由乳化液泵组（一般由2台乳化液泵组成、一台工作，一台备用）、乳化液箱以及必要的控制、保护、监视元件和连接管路等组成。

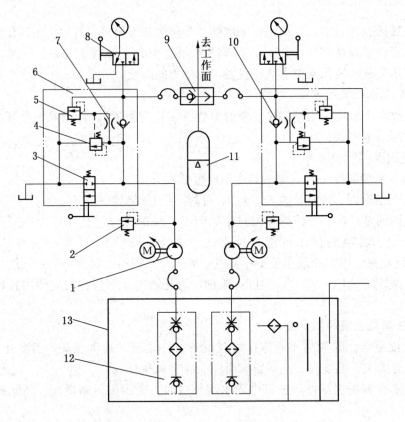

1—泵体；2—安全阀；3—手动卸载阀；4—主阀；5—先导阀；6—卸载阀组；
7—节流孔；8—压力表开关；9—交替进液阀；10—单向阀；11—蓄能器；
12—吸液过滤器及断流器；13—箱体

图12－3　RB₂B型乳化液泵站液压系统

乳化液泵工作时排出的乳化液输送给工作面液压系统，在输送过程中要克服外部负载和管道摩擦阻力，在泵的流量基本不变的情况下，泵的压力将随外部负载和管道摩擦阻力的大小变化。当管道摩擦阻力一定时，外部负载越大，泵所产生的液压力越高。但是，泵的压力不允许无限增大，因为泵受其结构、材料和制造等因素的限制，只能承受一定的压力，因此，泵出厂时规定了一个额定的压力，在工作中一般不允许超过这一压力。乳化液泵的结构如图 12 - 4 所示。

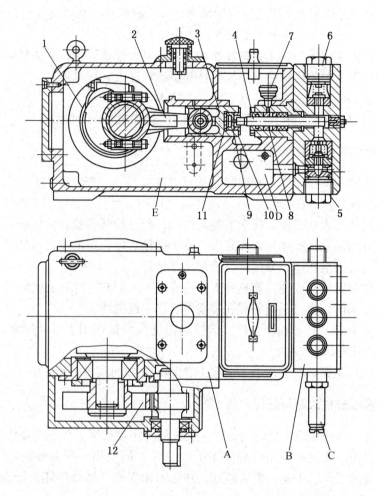

1—曲轴；2—连杆；3—滑块；4—柱塞；5—吸液阀；6—排液阀；
7—注油杯；8—导向铜套；9—半圆环；10—螺套；11—承压环；
12—齿轮；A—传动装置；B—泵头；C—安全阀；
D—进液阀；E—传动腔

图 12 - 4　RB$_2$B 型乳化液泵结构示意图

第二节　单体液压支柱拆装和故障处理

一、单体液压支柱拆卸顺序

（1）用卸载手把卸掉三用阀。

（2）把单体液压支柱放入拆柱机卡盘内，把手把体挂在紧固器上，操作卡盘卡紧缸体，启动拆柱机，缸体转动，用铁钩把连接钢丝钩出，卸掉手把体。

（3）用卡盘卡紧单体液压支柱底座，用紧固器卡紧缸体，启动拆柱机，底座转动，用铁锥挑出连接钢丝，再用钳子把连接钢丝拉出。松开卡盘和紧固器，把推紧器上的圆柱体装进活柱体孔内，用卡盘和紧固器卡紧单体液压支柱缸体，启动拆柱机，用推紧器推动活柱把底座顶出。把挂在底座上的复位弹簧从挂环上取出。

（4）把活柱体从缸体内拉出，把挂在柱头上的复位弹簧取掉，从活柱体内拉出。

（5）把固定顶盖的弹性圆柱销用短圆柱和小锤打进去，拆掉顶盖。

（6）用扁錾和小锤把活塞从活柱喇叭口上取出。

（7）用工具取掉"O"形和"Y"形密封圈以及防尘圈、导向环。

二、单体液压支柱组装步骤

（1）将防尘圈和活柱导向环按次序（注意方向）装在手把上，"O"形密封圈、"Y"形密封圈装在活塞上。

（2）将手把体套入活柱体，将活塞装入活柱，把复位弹簧挂在活柱体中。

（3）将装好的活柱体整体装入油缸中，将手把体装好，穿上连接钢丝。

（4）将顶盖装入活柱体，并用弹性圆柱销连接好。

（5）将复位弹簧挂在底座弹簧挂环上，将底座装入油缸，穿好底座钢丝。

（6）装上三用阀，使三用阀卸载孔轴线垂直于支柱轴线。

（7）组装完毕后，水平放置支柱，活柱应在复位弹簧作用下自动回缩，若不能全部回缩，应拆开查找原因。

（8）进行加压支撑试验，压力不低于 10 MPa，支撑时间不低于 4 h。

三、单体液压支柱故障与处理方法

单体液压支柱的使用寿命规定为 5 年。支柱的需用量根据采煤工作面作业规程中的支护设计需用量提供。支柱的备用量是使用量的 30%，同规格、同型号备足。其中 1/3 存放在工作面附近的安全、干燥、整洁地点，并且一律立放。另外单体液压支柱大修周期，外注式为 2 年，内注式为 1.5~2 年。

支柱在井下支护过程中发现以下情形之一的，必须立即升井修理：

（1）支柱自动卸载降柱。

（2）活柱卸载后不降柱。

（3）卸载机构失效。

（4）柱体有明显变形。

（5）活柱下缩到底形成死柱的。

单体液压支柱出现故障时必须立即修理或更换，否则将出现事故隐患，严重的甚至造成事故。根据单体液压支柱出现的故障情况，找出故障原因，及时进行处理。表 12-1、表 12-2 所列为内注式单体液压支柱和外注式单体液压支柱常见故障及处理方法。

表 12-1　内注式单体液压支柱常见故障及处理方法

序号	故　　障	原　　因	处　理　方　法
1	有效行程减少	长期使用部分液压油自通气阀中渗漏	用注油器补充注油

表 12-1（续）

序号	故　障	原　因	处 理 方 法
2	活柱不下降	活柱自油缸中拔出，空气从皮碗处进入油缸内腔，使支柱内腔压力增大，将通气阀关闭	用手摇把继续升柱，使活柱内腔空气压力降低，然后回柱，或拧松注油螺丝，空气自此排出
3	初撑时松开手摇把，手摇把自动往上抬	单向阀污染	增大初撑力至手摇把不自动往上抬为止，降柱后重新升柱，利用进液时液流将单向阀上脏物冲掉，连续反复动作几次可恢复性能
4	支柱支上后，自行松动	油缸中有空气 初撑时未打紧或支设临时支柱时顶梁抬高而松动 采煤机撞松，安全阀卡住，卸载阀未复位	降柱，排除空气 重打初撑力 用手摇把轻轻震动卸载阀处，使它复位
5	降柱慢	弹性圆柱销进气槽被煤粉堵死 顶盖与接长管配合面被煤粉黏住	清除煤粉
6	顶盖损坏	使用不当	更换新件
7	活柱降柱速度慢或不降	复位弹簧松脱 油缸有局部凹坑 活柱表面损坏 防尘圈、"Y"形圈损坏 导向环、防挤圈膨胀过大	重新挂好复位弹簧 更换油缸 更换活柱 更换防尘圈、"Y"形圈 更换导向环或防挤圈
8	工作阻力低	安全阀调压螺钉松动 安全阀开启或关闭压力低 密封件失效	拧紧调压螺钉 检查安全阀 更换失效的密封件
9	工作阻力高	安全阀开启压力高 安全阀垫挤入溢流间隙	重新调定 更换阀垫
10	乳化液从手把溢出	活塞与活柱间密封圈损坏 "Y"形圈损坏 油缸变形或镀层脱落	更换损坏的密封圈 更换"Y"形圈 更换或重新镀铬
11	乳化液从底座溢出	底座与油缸间"O"形密封圈损坏	更换"O"形密封圈
12	乳化液从单向阀、卸载阀溢出	单向阀、卸载阀密封面损坏或污染	清洗或更换三用阀
13	油缸弯曲	操作不当；油缸硬度低而被压坏	更换油缸
14	活柱弯曲	活柱硬度不够被压坏 突然来压时安全阀来不及打开 操作不当	更换活柱

表 12-1（续）

序号	故　障	原　因	处　理　方　法
15	手把断裂	操作不当	更换或焊上
16	活柱从油缸中拔出	未装限位装置	装设限位装置
17	左阀筒卸载孔变形或安全阀套端面变形	不用专门工具回柱	更换变形零件或更换三用阀
18	活柱筒严重弯曲	使用不当	在压力机或调直机上调直，校直时应防止活柱压出明显凹坑
19	活柱体长接管与柱头或柱头与活柱筒开焊漏液	使用不当	车掉焊缝，重新焊接，焊接时应注意活柱体的垂直度
20	活柱筒喇叭口变形或活柱筒上生锈	使用不当	更换活柱
21	卸载装置损坏或零件丢失	使用不当	更换

表 12-2　外注式单体液压支柱常见故障及处理方法

序号	故　障	原　因	处　理　方　法
1	注液时活柱不伸出或伸出速度很慢	泵站无压力或压力低 截止阀关闭 注液阀体进液孔被脏物堵塞 密封失效 注液枪失灵 管路滤网堵塞	检查泵站 打开截止阀 冲洗注液阀体 更换密封件 检查注液枪 清洗过滤网
2	降柱速度慢或不降柱	复位弹簧松脱 油缸有局部凹坑 活柱表面锈蚀严重 防尘圈、"Y"形圈损坏 导向环活塞防挤圈膨胀	重挂复位弹簧 更换油缸 更换活柱 更换损坏件 更换导向环
3	工作阻力低	安全阀调压螺丝松动 安全阀开启压力或关闭压力低 密封件失效	重新设定 重新设定 更换密封件
4	工作阻力高	安全阀开启压力高 安全阀垫挤入溢流间隙 六角导向套在阀套中运行时整劲 装配时阀垫对阀座的压缩量过大	重新标定 重换阀垫 更换六角导向套 重装

表12-2（续）

序号	故障	原因	处理方法
5	升柱时，乳化液从手把处外溢	活塞上密封圈损坏 "Y"形圈损坏 油缸变形或镀层脱落	更换损坏件 更换"Y"形圈 升井检修
6	乳化液从底座处外溢	底座上密封圈损坏	更换密封件
7	乳化液从 φ42 柱头孔处溢出	φ42 柱头密封圈损坏 柱头密封面损坏	更换密封件 更换柱头
8	乳化液从单向阀、卸载阀处外溢	单向阀、卸载阀密封面污染或损坏	清洗或更换损坏件
9	油缸弯曲	用支柱移溜时损坏 采煤机撞坏 油缸硬度低被压坏 支柱被压成"死柱"时硬拉拉弯	改进操作方法，更换油缸 更换油缸 更换油缸，选择硬度更高的油缸 改进操作方法，更换油缸
10	活柱弯曲	活柱硬度不够被压坏 突然来压时安全阀来不及打开压弯 用支柱移溜时顶弯	更换活柱 加大支柱密度 用移溜器推溜
11	手把体断裂	支柱未卸载或压成"死柱"硬拉拉坏	改进操作方法，更换手把体
12	顶盖损坏	支设不当 支柱作起重工具时损坏	更换顶盖
13	升柱时，活柱从油缸中拔出	未装限位零件	重装
14	右阀筒卸载孔变形、安全阀套端面变形	用其他工具回柱时整坏	更换损坏件
15	注液枪漏液	单向阀损坏 "O"形密封圈损坏 焊缝开焊	更换损坏件 更换损坏件 重焊
16	升柱时，注液枪与注液阀体间渗液	注液枪将注液管内"O"形密封圈冲掉 注液管螺纹松动	重装"O"形密封圈 拧紧注液管

第三节　铰接顶梁损坏原因及处理方法

金属铰接顶梁在井下长时间使用后，常出现损坏、变形等现象，常见损坏部位、原因及处理方法见表12-3。

表12-3　金属铰接顶梁常见损坏部位、原因及处理方法

损 坏 部 位	损 坏 原 因	处 理 方 法
梁体弯曲、变形或开焊	局部载荷过大或质量不好	升井调直或补焊
销子断裂	载荷过大或热处理不良	更换新销子
接头、耳子开焊	载荷过大或质量不好	升井修理
调角楔变形	悬臂载荷过大、打柱后未及时取下调角楔	改进管理、注意打柱后取下调角楔

十字铰接顶梁在使用中常见的损坏部位、原因及处理方法详见表12-4。

表12-4　十字铰接顶梁常见损坏部位、原因及处理方法

损 坏 部 位	损 坏 原 因	处 理 方 法
梁体弯曲变形或开焊	局部载荷过大或焊接质量差	升井修理
销子断裂	顶板压力过大或质量不好	更换新销子，提高产品质量
接头、耳子开焊	载荷过大或焊接质量差	升井修理
调角楔子变形	悬臂载荷过大或打柱后未取下	更换新楔、注意打柱后及时取下
销子丢失	零件质量差或磨损锈蚀	更换新销子

第四节　回柱绞车的维护和故障处理

回柱绞车要注意维护保养，每班作业前对绞车各部分进行认真检查、注油和空车试运转。作业时发现运转不正常时，应立即停车检查，做好记录。当较长时间不用时，应将绞车遮挡，以免砸伤碰坏。

一、回柱绞车维护检查内容

（1）检查螺栓、铆钉、销轴等连接零件是否有松动脱落情况，应特别注意对轴承座螺栓和地脚螺栓的检查，有松动应及时拧紧，有脱落件应及时补齐。开车前要检查压、戗柱是否牢固、可靠。

（2）定期检查减速器齿轮啮合情况，检查齿轮是否有窜动，齿部磨损是否超限，有无裂纹、断齿等严重损伤。以及油量是否足够，油脂是否有变质和沉淀物等情况。

（3）定期检查制动系统，闸轮与闸盘间隙是否符合规定。

（4）检查钢丝绳在滚筒上缠绕是否整齐，绳头固定是否牢固，钢丝绳断丝和磨损是否超限。

（5）经常擦拭设备，保持干净整洁。每隔10～15天对绞车做一次全面检查，及时消除故障，做好记录，为检修提供依据。

二、回柱绞车的维护与检修

（1）应经常检查绞车各润滑部位的油量，油量不足时，要及时补足，蜗轮箱内润滑

油的最高温度不得超过 80 ℃，电动机的温升不得超过 55 ℃，对各紧固零件须经常检查，绞车发生不正常运转时，应及时停车检查并做记录。

（2）绞车如果长期搁置不用，必须选择干燥通风的地方存放，防止机器受潮，裸露部分要涂抹防锈油。

（3）绞车应根据各使用单位的实际使用情况制定小修、中修、大修计划。

① 建议小修周期不超过 3 个月，一般在现场操作，主要是调整钢丝绳和检查紧固件，必要时予以更换，要更换润滑油和清理绞车上的油污灰尘。

② 中修一般应在机修厂进行，主要是检查并清洗绞车各个工作部分的零部件，拆换已损坏的零件，更换各部分的润滑油，使绞车能达到正常工作状态。

③ 大修应在机修厂进行，要全部拆卸绞车各部分零件，进行清洗检查，更换已磨损的零部件，恢复绞车的正常工作能力，修理后应进行试运转，外观也应进行刷漆。

三、回柱绞车的故障处理

回柱绞车故障及处理方法见表 12 - 5。

表 12 - 5　回柱绞车故障及处理方法

故　　　障	原　　　因	处　理　方　法
减速箱声音不正常	1. 齿轮啮合不好 2. 轴承或齿轮过度磨损或损坏 3. 减速箱内有金属杂物 4. 轴承游隙过大	1. 调整齿轮啮合 2. 更换损坏或磨损的轴承或齿轮 3. 清除减速箱内的金属杂物 4. 调整轴承间隙
减速箱温度过高	1. 润滑油不合格或不干净 2. 润滑油过多或过少 3. 散热不好，冷却不良	1. 按规定更换润滑油 2. 放掉多余的油或补足油 3. 清除减速箱周围浮煤杂物
减速箱漏油渗油	1. 密封圈损坏 2. 减速箱结合面不严，轴承螺丝松	1. 更换损坏的密封圈 2. 拧紧结合面及轴承盖螺栓螺钉
对轮连接销轴剪断	1. 电机底座固定螺栓松动 2. 电机轴和减速箱轴不同心	1. 拧紧电机底座固定螺栓 2. 调整同心度
电机转动滚筒不转	1. 对轮连接销轴剪断 2. 齿轮损坏	1. 更换对轮连接销轴 2. 更换绞车
操作启动按钮，电机不转	1. 电源断相或电压低于额定电压85% 2. 停止按钮未复原位 3. 磁力启动器内部有故障 4. 操作电缆断线 5. 电动机烧损	1. 查找电缆断相及电压低原因 2. 处理停止按钮 3. 处理磁力启动器故障 4. 更换操作电缆 5. 更换电动机
操作停止按钮，电机不停	1. 操作线短路或接地 2. 操作按钮失灵或过于潮湿 3. 磁力启动器接点烧损，不能离开 4. 消弧罩卡住动触头，不能离开 5. 中间继电器接点不断开	1. 更换操作电缆 2. 处理操作按钮 3. 处理磁力启动器接点 4. 处理消弧罩 5. 更换中间继电器

第十三章

刮板输送机

第一节 刮板输送机简述

采煤工作面回采出的煤必须运出工作面，在煤炭开采的发展过程中，煤炭的运输已从人力、畜力、轨道运输发展到机械化的连续运输（刮板输送机和带式输送机），工作面采出的煤用刮板链牵引，再用槽运输。用刮板链牵引，在槽内运送物料的输送机叫刮板输送机。

刮板输送机的相邻中部槽在水平、垂直面内可有限度折曲的刮板输送机叫可弯曲刮板输送机。其中机身在工作面和运输巷道交汇处呈90°。弯曲设置的工作面输送机叫"拐角刮板输送机"。

刮板输送机是在煤矿的生产与建设中发展起来的，大致经历了3个阶段。第一阶段在20世纪30～40年代，是可拆卸的刮板输送机，它在工作面内只能直线铺设，随工作面的推进需人卸、搬移、组装。刮板链为板式，多为单链，如V型、SGD型、SGD-20型等小功率轻型刮板输送机。第二阶段是20世纪40代前期，由德国制造出可弯曲刮板输送机，它与采煤机、金属摩擦支柱配合实现了机械化采煤。这种刮板输送机可适应底板凸凹弯曲和水平方向弯曲等条件，移设时不需拆卸，运量有所增加，如当时的SGW-44型刮板输送机就是这个阶段的代表产品。进入20世纪60年代，由于液压支架的出现，为了适应综采的需要，刮板输送机发展到了第三阶段，出现了铠装可弯曲重型刮板输送机，如SGD-630/75型、SGD-630/180型等就属于这个阶段的产品。目前，随采煤工作面生产能力的不断提高，刮板输送机向大过煤量、大功率、长运距、长寿命方向发展。

第二节 刮板输送机的结构及作用

刮板输送机的工作原理是将敞开的溜槽作为煤炭、矸石或物料等的承受件，将刮板固定在链条上（组成刮板链），作为牵引构件。当机头传动部启动后，带动机头轴上的链轮旋转，使刮板链循环运行，带动物料沿着溜槽移动，直到机头部卸载。刮板链绕过链轮做无级闭合循环运动，完成物料的运送。机头部由机头架、电动机、液力偶合器、减速器及链轮等部件组成。

各种类型的刮板输送机的主要结构和组成部件基本相同，均由机头部、中间部和机尾部组成。此外还有供推移输送机用的液压千斤顶装置和紧链时用的紧链器等附属部件。中间部由过渡槽、中部槽、链条和刮板等部件组成。机尾部是供刮板链返回的装置。重型刮板输送机的机尾与机头一样，也设有动力传动装置，从安设的位置来区分，可分为上机头与下机头。

图 13-1 所示为 SGB-620/40 型刮板输送机传动系统（平行布置，就是电机与输送机平行，反之则是垂直布置，其传动原理一样，大功率输送机机尾可安装同样传动系统），由电动机 3 带动液力偶合器 2，通过圆锥齿轮 Z_1、Z_2（为一级减速），传动圆柱齿轮 Z_3、Z_4（为二级减速），再带动齿轮 Z_5、Z_6（为三级减速），最后通过机头主轴 4 和链轮 5 带动刮板链 6，在溜槽 7 内运行。刮板链运行到机尾 8，做无级闭合循环运行，实现输送煤炭与物料的目的。

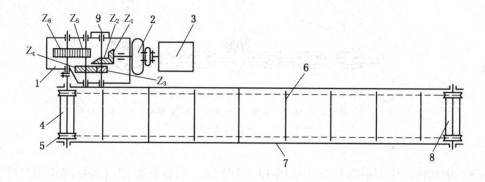

1—减速器；2—液力偶合器；3—电动机；4—机头主轴；

5—链轮；6—刮板链；7—溜槽；8—机尾；9—紧链器

图 13-1 刮板输送机传动系统（平行布置）

溜槽、刮板和链条是运输的关键环节，它的结构和链条在溜槽内布置方式对生产有重要影响。链条布置常用的有中单链、边双链、中双链及准边双链 4 种，其特点分别如下：

（1）中单链。中单链布置方式如图 13-2 所示。刮板在溜槽内起导向作用，一条链条位于刮板中心。特点是结构简单，弯曲性能好，链条受力均匀，溜槽磨损小。缺点是过煤空间小，机头尺寸较大，能量消耗较大。

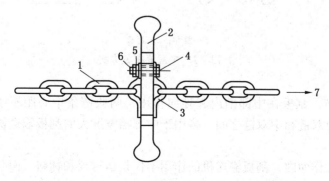

1—圆环；2—刮板；3—联结环；4—螺栓；5—弹簧垫；6—螺母；7—运行方向

图 13-2 中单链布置方式

（2）边双链。边双链布置方式如图13-3所示。链条和联结环起导向作用，链条位于刮板两端。特点是过煤空间大，消耗能量小。缺点是水平弯曲时，链条受力不均匀，溜槽磨损较大。

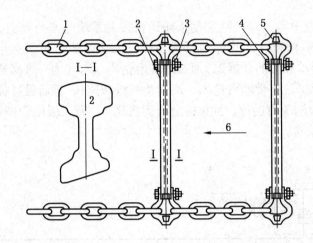

1—圆环；2—刮板；3—螺母和垫圈；4—螺栓；5—联结环；6—运行方向

图13-3 边双链布置方式

（3）中双链。中双链布置方式如图13-4所示。刮板在溜槽内起导向作用，两条链条在刮板中间，其间距不小于槽宽的20%。特点是链条受力均匀，溜槽磨损小，水平弯曲性能好，机头尺寸较小，单股链条断时处理方便。缺点是过煤空间小，能量消耗较大。

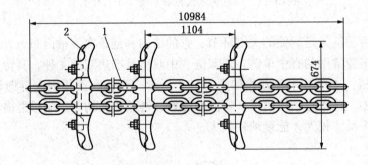

1—圆环；2—刮板

图13-4 中双链布置方式

（4）准边双链。刮板在中部槽内起导向作用，两股链条中心距不小于槽宽的50%。它的优缺点介于边双链和中双链之间，多用于中部槽宽度大的刮板输送机，如SGN-830/500型刮板输送机。

在当前采煤工作面内，刮板输送机的作用不仅是运送煤和物料，而且还是采煤机的运行轨道，因此它成为现代化采煤工艺中不可缺少的主要设备。刮板输送机能保持连续运转，生产就能正常进行。否则，整个采煤工作面就会处于停产状态，使整个生产中断。

第三节　刮板输送机的安装

采煤工作面开切眼开掘完毕，就进入工作面设备安装阶段。工作面既可安装不可弯曲刮板输送机，也安装可弯曲刮板输送机，这要根据工作面生产能力及设备配套情况而定，但安装过程差不多。下面以安装可弯曲刮板输送机为例，说明刮板输送机的安装程序。

一、安装前的准备工作

（1）刮板输送机运往井下前，参加安装、试运输及使用的人员都应熟悉该机的结构、工作原理、安装程序和注意事项。

（2）按照发货清单对各部件、零件、备件及专用工具进行核对，清点数量，确保完整无缺。

（3）在地面对主要传动装置进行组装并做空负荷试运转，经检查正常时方能下井安装。

（4）准备好安装工具及润滑油脂。

（5）铺设刮板输送机的机道应整洁无杂物并达到平直和支护完好的要求。

二、在工作面内铺设安装

（一）安装顺序

安装时应先从机头部开始，将机头布置在卸煤地点的合适位置上，摆好放正，然后安装中部槽及刮板链的下链，最后装接机尾部，再接好上链。以上工序经检查无误后，即可紧链试运转。试运转正常后再安装铲煤板、挡煤板、推溜器等附件，投入整机试运行。

（二）安装质量要求

机头部的安装质量与刮板输送机能否平稳运行关系很大，必须稳固、牢靠。机头架上的主轴链轮在未安装刮板链前，应保证其转动灵活。当吊装传动装置时，用撬棍等工具将其摆正，再用坑木、方木及木楔等垫实垫平，将减速器座与机头架连接处垫上安装垫座，使传动装置与机身保持一定距离。再将减速器外壳侧帮耳板上的4个螺孔处穿入地脚螺栓，把它固定在机头架的侧帮板上。电动机通过连接罩与减速器固定并悬吊起来。然后安装中线，再一次用撬棍将机头摆正，方法是一人站在机头架的中间处，同另一个站在机尾上的人用矿灯对照，借光线使机头架中心线与机道的安装中线重合即可。

机头部安装好后，安装过渡槽并将刮板链穿过机头架、绕过链轮，然后安装第一节中部槽。方法是先将链条引入第一节溜槽下导向槽内，再将链条拉直，使溜槽沿链条滑下去并与过渡槽相连。然后用同样方法继续接长底链，逐节把溜槽放到安装位置上，一直铺设到机尾部。

将机尾部与过渡槽对接妥当后，可将链条穿过过渡槽，从机尾辊（或链轮）的下面绕上放到溜槽上面，继续将上链接长。接上链时先将接长部分的刮板链倾斜放置，使链条能顺利地进入溜槽的链道内，然后再拉直。依此方法将上链一直接到机头架，最后进行紧链。

机头部电动机接好电源后，一定要将电缆悬挂好，电缆的进出线嘴一定要用橡胶圈卡紧。所有电气设备都应放在没有淋水、底板干燥的地方，如有淋水一定要遮盖好。接地装置一定要完整无缺，连结螺栓要拧紧，以保证安全运转。

第四节　刮板输送机的移设

一、不可弯曲刮板输送机的移设

不可弯曲刮板输送机移设不方便，现在也很少使用，一般用在产量不大的炮采工作面或工作面顺槽，随着工作面的向前推进，一般在准备班进行解体移设。移设方法很多，现以 SGD – 420/20B 型刮板输送机为例进行介绍，移设操作步骤如图 13 – 5 所示。

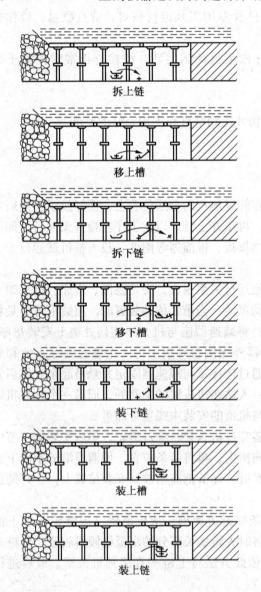

拆上链

移上槽

拆下链

移下槽

装下链

装上槽

装上链

图 13 – 5　移设刮板输送机顺序

移溜小组一般由 3 人组成，一般只需 2~3 h 即可把全台刮板输送机移设到新的位置。首先拆卸刮板链，移溜槽并放在预定的位置，如图 13 – 5 所示，拆卸的具体步骤：

（1）三人同时拆上刮板链。

（2）二人移机头、一人移上刮板链。

（3）一人移上溜槽、一人拆移底链、一人装底槽。

（4）一人继续装底槽、二人移机尾。

（5）二人继续移机尾、一人装底链。

（6）一人继续装底链、一人装上溜槽、一人装上刮板链。

（7）二人继续装上溜槽、上刮板链、一人局部找直。

（8）一人去机尾打顶柱、二人紧刮板链和试运转，移设工作全部完成。

机头是刮板输送机最重的部件，必须采取机械移设的方法，以减轻体力劳动。其方法有：

（1）用机头轴一侧卷绳轮自移机头。贴煤壁打一支柱。挂上滑轮，在机头卷绳轮侧安设一滑轮。用钢丝绳一端钩在机头架上，另一端先后穿过两个滑轮并绕在卷绳轮上，断续开动电动机，就可以将机头顺利地移到新的位置，如图 13 – 6 所示。

（2）用工作面运输巷刮板输送机刮板链移机头。将钢丝绳一端拴在机头架小孔上，另一端先后绕过拴在支柱上的两个滑轮,然后挂在运输巷刮板输送机的刮板链上,断续开动运输巷的刮板输送机,则可将机头移到新的位置,如图13-7所示。

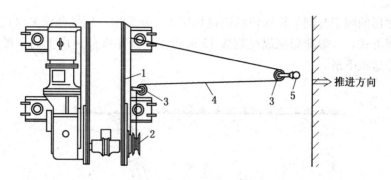

1—机头;2—卷绳轮;3—滑轮;4—钢丝绳;5—顶柱

图13-6 用机头卷绳轮自移机头

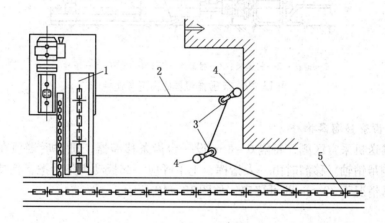

1—机头;2—钢丝绳;3—滑轮;4—支柱;5—运输巷刮板输送机

图13-7 用运输巷刮板输送机移机头

二、推移可弯曲刮板输送机

可弯曲刮板输送机主要用在机械化工作面以及产量较大的炮采工作面,其移设方法是靠机械装置推移,而不用解体刮板输送机,比不可弯曲刮板输送机的移设方便、快速、省力。推移可弯曲刮板输送机,可以在生产时不停产进行推移。推移方法有以下3种。

(一)用千斤顶(液压推溜器)推移

千斤顶布置在刮板输送机采空区一侧,每隔5~6 m安设一组,机头或机尾一般安设两组,如图13-8所示。推移方

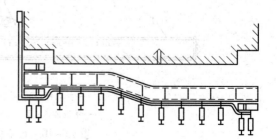

图13-8 炮采工作面推移刮板输送机方法

法有两种情况，爆破落煤作业时，工作面可以全线出煤，也可以自下而上分段出煤，当出完一段煤后，随即将刮板输送机自下而上的分段推移；采煤机割煤时，只能跟随采煤机推移刮板输送机。

液压推溜器的固定与刮板输送机的连接如图 13 - 9 所示。用浅截深采煤机采煤的工作面，根据割煤方式，一般滞后采煤机割煤 15 m 以上，开始推溜。由上向下推移时，一定要防止刮板输送机下滑。

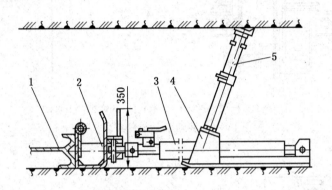

1—溜槽；2—挡煤板；3—推溜千斤顶；4—支座；5—顶柱

图 13 - 9　液压推溜器的固定与连接

（二）用齿条移溜器推移

沿刮板输送机采空区侧，每隔 6~8 m 设一台齿条移溜器，机体后端顶在支柱上，前端对准溜槽侧帮销轴。移溜时由一人指挥，上下呼应一起扳动齿条手把，保持其平移，防止脱节。正常情况下 30 min 即可移完，如图 13 - 10 所示。

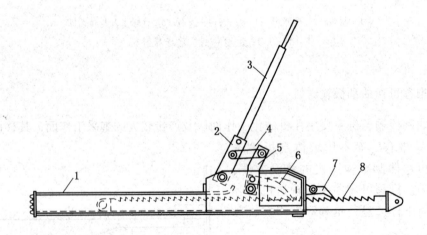

1—顶杆；2—主动杆；3—手柄；4—连杆；5—从动杆；

6—保险插爪；7—工作插爪；8—齿条

图 13 - 10　齿条移溜器示意图

（三）用钢丝绳移溜器移设

沿刮板输送机外侧每隔 5～6 m 设一根移溜器。将钢丝绳从底座一侧滑轮穿入，绕过支杆端滑轮，再经底座另一侧滑轮穿回，然后将绳头固定在移溜器下方的一根支柱上。开动回柱绞车，利用钢丝绳绷直的力量，将支杆推向一边，并将刮板输送机移到新的位置，刮板输送机到位后发出信号，绞车停止开动，如图 13－11 所示。

钢丝绳移溜器一般由 3 人操作，一人负责开动绞车，两人布置移溜器、穿绳、打支撑柱。一般一次可以同时拉 3 台移溜器。为便于穿绳，在 100 m 左右长的工作面上都应备有 3～4 个绳套。用这种方法移溜时，一定要上下配合好，否则容易将刮板输送机推过所要移设的位置。

现在工作面基本上使用液压泵和单体液压支柱，最常用的是千斤顶（液压推溜器）推移，

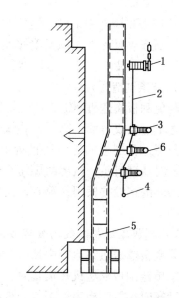

1—回柱绞车；2—钢丝绳；3—移溜器；4—支撑柱；5—刮板输送机；6—支杆端滑轮

图 13－11　钢丝绳移溜器移溜

后两种方法很少使用，在用千斤顶移溜操作中，为保证刮板输送机推移质量，要注意以下事项：

（1）新移设的刮板输送机必须做到坡度一致，呈一条直线，相邻两节溜槽上下弯曲不得超过 2°～3°，左右弯曲不得超过 3°～4°，弯曲部位的长度不得少于 15 m。

（2）溜槽距煤壁距离：炮采工作面为 300 mm，机采工作面为 150～200 mm。

（3）推溜前检查供液管路、推溜千斤顶等是否完好。

（4）推完溜后及时缩回千斤顶活塞杆。

（5）移机头、机尾时必须使几个千斤顶同时动作，以免某个千斤顶超过最大推力而破坏。

（6）在倾角较大的工作面内推溜时容易下滑，如无锚固装置时，应在机头、机尾处打好戗柱或压柱。

第五节　刮板输送机常见故障及处理方法

一、断链

（一）刮板输送机断链原因

刮板输送机断刮板链会造成很大的损失，断链的原因很多，既有客观原因也有主观原因，最主要的是以下几方面的问题：

（1）装煤过多超负荷，压住刮板链。

（2）工作面不直、不平卡刮板，特别是工作面呈圆弧形的弯曲，边双链的外侧链条负荷过大，最容易被拉断。

（3）链条长期与中部槽及链轮摩擦，产生磨损变形，断面减小，强度降低。

（4）链条在使用中，除承受平均载荷外，还要传递链轮的动载荷。链条长时间受动载的作用，造成疲劳破坏，节距增长、强度降低。

（5）链条制造质量差。

为避免刮板输送机断链，应针对断链原因，采取针对性措施。第一，在开机前调节刮板链使之不过松或过紧；第二，装煤要适当不能过满，特别是停机后不能装煤；第三，保持机头与下一台刮板输送机搭接处有不小于30 mm的高度，防止回空链带回煤或杂物；第四，随时清理机头、机尾的煤粉与杂物；第五，变形的溜槽与磨损过限的刮板链及时更换，联结环的螺栓要紧固；第六，运转声音不正常时立即停机，查找原因及时处理，严禁强制启动。

（二）刮板输送机断链的处理方法

如果刮板输送机在运行中断链，因上链有煤，底链隐闭一般不易发现，只能从征兆中判断。中单链刮板输送机在运转时，刮板链在机头底下突然下垂或堆积，或边双链刮板输送机在运转时一侧刮板突然歪斜，说明已经断链。

发现断链后应首先停机，找到断链的地点，如上链无断处就是底链折断。断底链一般出现在机头或机尾附近。将溜槽吊起，把卡劲的刮板拆掉，接上链条反回上槽进行处理。

二、掉链

刮板输送机掉链故障产生的原因主要是刮板链过松；刮板弯曲严重；工作面不直，刮板链的一条链受力，使刮板歪斜；输送机过度弯曲；中部槽磨损严重。刮板链一般在链轮处或底槽内脱落，不易处理。下面介绍一般的处理方法及注意事项。

（一）链轮处掉链的处理方法

如因链轮咬进杂物造成掉链时，可以反向断续开动或用撬棍撬，刮板链就可以上轮。当边双链的一条链条掉链，可在两条刮板链对称的两个立环之间支撑一根硬木，然后开机，掉下的一侧链条就可上轮，如图13－12所示。开动时人要离开，以防木棍崩出伤人。

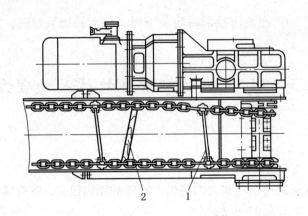

1—刮板；2—木棍

图13－12　边双链链轮处掉链处理方法

（二）底槽掉链的处理方法

处理底链出槽是一件比较困难的工作。底链掉出后，刮板卡在下槽，使刮板输送机不能开动，这时应先在机头或机尾拆开上链，将底链放松并将溜槽靠采空区侧吊起，垫进一块垫木，将全部出槽的地方都吊起垫好，如图 13 – 13 所示。然后一人将底链逐段托入槽内，另一人拉紧刮板链放平溜槽，将链接好后，经检查一切正常再开动刮板输送机。

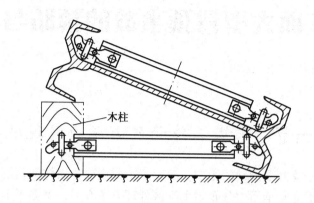

图 13 – 13 底槽掉链处理方法

三、飘链

刮板链飘在煤上运行时叫飘链，产生的主要原因是刮板输送机不平、刮板链太紧、缺刮板数量较多及刮板链下面堵塞矸石等。

预防刮板链飘的方法是保持刮板输送机平直，使刮板链松紧适当，缺刮板要及时补齐，弯曲的刮板要及时更换等。

发生飘链时，应首先停止装煤，检查中间部分，垫平不平的地方，溜槽鼓起处用木柱撑平，如图 13 – 14 所示。

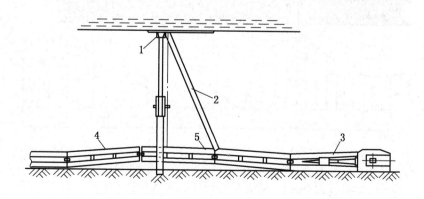

1—顶梁；2—木撑柱；3—机尾；4—上链运行方向；5—木撑柱下端移动方向

图 13 – 14 木柱撑平方法

第十四章

工作面大型冒顶事故的预防与处理方法

第一节　采煤工作面矿山压力显现规律

采煤工作面由于受开采活动的影响，改变了工作面前方煤体和顶底板岩层原有应力状况，采煤工作面前后方支承压力分布与采空区处理方法有关，掌握了采煤工作面压力分布情况及显现规律，才能对工作面采取有效的支护。下面以全部垮落法管理顶板的采煤工作面为例，分析其前后方支承压力分布情况和影响回采工作面矿山压力显现的主要因素。

一、采煤工作面前后方支承压力分布情况

采煤工作面前后方支承压力分布情况如图 14-1 所示。

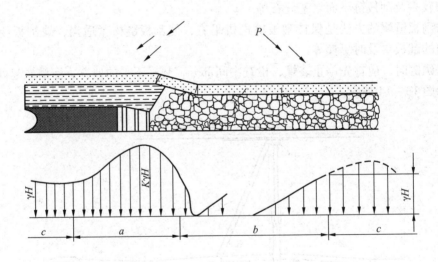

a—应力增高区；b—应力降低区；c—应力稳定区

图 14-1　采煤工作面前后方支承压力分布

不同采空区支撑条件下工作面前后方支承压力分布情况如图 14-2 所示。

根据采煤工作面前后方支承压力分布情况，可看出采煤工作面前后方支承压力分布有以下特点：

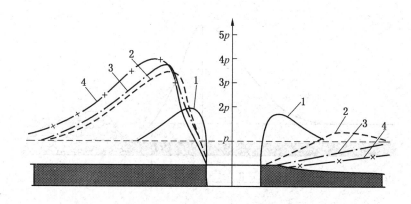

1—刀柱法；2—垮落法或充填法；3—坚硬顶板时；4—其他

图14-2 不同采空区支撑条件下工作面前后方支承压力分布

（1）工作面前方支承压力区即图14-1中应力升高区，是从工作面煤壁前2~3 m处开始，一直延伸到20~30 m或更大的范围。压力的峰值区，根据具体情况，一般在4~10 m处，峰值的大小比原应力高1~3倍。该区在工作面两巷基本上属于要求超前加强支护的范围。采煤工作面前方煤壁一端支承着工作面上方裂隙带及其上覆岩层的大部分重量，即工作面前方支承压力远比工作面后方大。

（2）随着采煤工作面的推进，煤壁和采空区冒落带是向前移动的，因此工作面前后方支承压力是移动支承压力。

（3）由于裂缝带形成了以煤壁和采空区冒落带为前后支承点的半拱式平衡，即应力降低区，所以采煤工作面处于减压力范围。

（4）工作面后方支承压力区即采空区支承压力，如图14-1所示。工作面支承压力远比工作面前方支承力小，其峰值可能比原应力稍大。某些情况下，比如采深太大或岩性的影响，致使开采后岩层移动未能波及地表，此时将出现图14-2中曲线4的状态，即采空区的支承压力有可能恢复不到原应力值。

在走向长壁工作面沿倾斜上下方及工作面后方原开切眼附近煤体上同样可以形成支承压力，其特点是并不随采煤工作面的推进而发生明显变化，所以又称固定支承压力。固定支承压力的分布形式和移动支承压力相比，其峰值深入煤体内的距离较远，影响范围较小。此外，上方支承压力和下方相比，上方的影响范围比下方稍大。

工作面上下方及工作面后方原开切眼附近煤体上的固定支承压力是工作面采空区周围支承压力的组成部分，其分布形式分别如图14-3和图14-4所示。

采煤工作面上下方（两侧）支承压力分布规律如下：

（1）采煤工作面两侧的支承压力剧烈影响区并不在煤体的边缘，而是位于煤体边

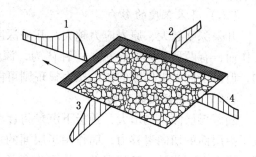

1—工作面前方支承压力；
2、3、4—工作面上下方及后方支承压力
图14-3 采空区周围支承压力分布图

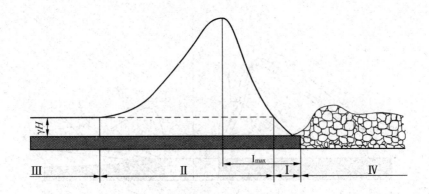

Ⅰ—卸载带；Ⅱ—支承压力带；Ⅲ—原岩应力带；Ⅳ—采后应力稳定带；I_{max}—峰值位置

图14-4　工作面两侧支承压力分布示意图

缘一定距离的地带。

（2）采煤工作面两侧煤体边缘处于应力降低区，支承压力低于原岩应力。

（3）采煤工作面两侧支承压力从形成到向煤体深部转移要经过一段时间，所以要使沿空掘巷保持稳定，必须从时间上避开未稳定的支承压力作用期。

二、影响回采工作面矿山压力显现的主要因素

（一）采高与控顶距

在一定的地质条件下，采高是形成覆盖层破坏性影响的最根本因素。采高越大，覆盖层破坏越严重，并且还直接影响工作面顶板下沉量的大小。回采工作面顶板下沉量与采高及控顶距的大小成正比。

（二）工作面推进速度的影响

加快工作面推进速度实际上是缩短落煤与放顶及由放顶到再次落煤的时间间隔，其结果必然能减少平时的时间，影响形成的顶板下沉量，但绝不能消除落煤与放顶这两个工序对矿压显现的绝大部分影响。因为落煤与放顶的影响都是在一较短时间内完成的（1～2 h）。加快推进速度并不可能达到降低上覆岩层破断的程度，最大剪切力总是发生在靠近煤壁的咬合点上，从这个意义上讲，把矿压甩掉是不大可能的。

（三）开采深度的影响

开采深度越大，原岩应力越大。开采深度对巷道矿山压力的显现较为明显。对于回采工作面，有两种不同的看法：一种认为，深度虽然对回采工作面前方支承压力有很大影响，但对于回采工作面的矿山压力显现则可能影响并不十分严重；另一种则认为有影响。

（四）煤层倾角的影响

随着煤层倾角的增大，顶板下沉量将逐渐变小，上覆岩层的质量由于倾角的变化，增大了沿层面的切向滑移力，而作用于层面的垂直力则变小了。由于倾角的增加，采空区冒落的矸石有可能沿着底板滑动，从而改变了上覆岩层的运动规律。

（五）矿山压力在分层开采时的矿压显现

人工假顶、岩块破碎、基本顶来压一般较缓和或不明显，来压步距小，支架受载小，

第一分层的动载变为静载，顶板下沉量变大。下分层工作面之上为人工假顶，下为煤底，"支架—围岩"系统的刚度比第一分层要小。

三、回采工作面前后的支承压力分布与采空区处理方法的关系

（1）采空区采用刚性支撑，如采用刀柱法（留煤柱），这时工作面前后支承压力的分布类似于巷道两侧，即前后方有几乎相等的应力分布。

（2）采空区处理采用垮落法或充填法时，上覆岩层中就有可能出现砌体梁式的结构，从而使采空区后方的支承压力大为降低，而使回采工作面前方的支承压力急剧增加。

（3）若采高很大或顶板岩层极为坚硬，则在悬顶时工作面前方支承压力较高，而采空区较低。但当顶板切落时，则前方有所降低而采空区有所增加。

（4）如采深大或受岩性的影响，开采后岩层移动未能波及地表，则采空区支承压力有可能恢复不到原应力值。

第二节　采煤工作面发生大型冒顶的原因及地点

按顶板垮落类型可把采煤工作面大冒顶分为压垮型、推垮型、漏垮型3种。压垮型冒顶事故是由于坚硬直接顶或基本顶运动时，垂直于顶板方向的作用力压断、压弯工作阻力不够、可缩量不足的支架，或使支柱压入抗压强度低的底板，造成大面积切顶垮面事故。实践表明，压垮型冒顶是在基本顶来压时发生的，基本顶来压分为断裂下沉和台阶下沉两个阶段，这两个阶段都有可能发生压垮型冒顶。

推垮型冒顶事故是由直接顶和基本顶大面积运动造成的，因此，发生的时间和地点有一定的规律性。多数情况下，冒顶前采煤工作面直接顶便已沿煤壁附近断裂。冒顶后支柱没有折损只是向采空区倾倒，或向煤帮倾倒，但多数是沿煤层倾向倾倒。

漏垮型冒顶的原因如下：由于煤层倾角较大，直接顶又异常破碎，采煤工作面支护系统中如果某个地点开始沿工作面往上全部漏空，造成支架失稳，导致漏垮型事故发生。

一般来讲，采煤工作面发生大型冒顶的地点是可预测的，知道了容易发生的地点，就可以采取有效的预防措施来避免其发生。大型冒顶发生地点主要有以下几个：

（1）开切眼附近。在这个区域顶板上部、硬岩基本顶两边都受煤柱支承，不容易下沉，这就给下部软岩层直接顶的下沉离层创造了条件。

（2）地质破坏带（断层、褶曲）附近。在这些地点顶板下部直接顶岩层破断后易形成大块岩体并下滑。

（3）老巷附近。由于老巷顶板破坏，直接顶易破断。

（4）倾角大的地段。这些地段由于重力作用而使岩石倾斜下滑加大。

（5）顶板岩层含水地段。这些地段摩擦因数降低，阻力大为减少。

（6）局部冒顶区附近也有可能导致大冒顶。在工作面回采过程中，首先应采取措施来避免局部冒顶的发生，其次在局部冒顶发生后，应采取有效措施避免局部冒顶范围扩大成为大范围冒顶。

第三节 采煤工作面大型冒顶的预兆

采煤工作面随回柱放顶工作进行，直接顶逐渐垮落，如果直接顶垮落后未能充满采空区，则坚硬的基本顶要发生周期来压。来压时煤壁受压发生变化，造成工作面压力集中，在这个变化过程中，工作面顶板、煤帮、支架都会出现基本顶来压前的各种预兆。大型冒顶事故中按其冒落的性质与形式分为区域性切冒、压垮型冒顶和推垮型冒顶等类型。采空区内大面积悬露的坚硬顶板在短时间内突然塌落而造成的大型顶板事故叫区域性切冒，又叫大面积塌冒；因工作面内支护强度不足和顶板来压引起支架大量压坏而造成的冒顶事故叫压垮型冒顶；因水平推力作用使工作面支架大量倾斜而造成的冒顶事故叫推垮型冒顶。一般来讲，采煤工作面大冒顶前都会有一些征兆，如能提前发现这些征兆，就可以避免大冒顶事故的发生，避免人员伤亡和财产损失，其主要征兆如下：

（1）顶板预兆。采面的顶板连续发生断裂声，这是由于直接顶和基本顶离层，或顶板切断而发生的声响，有时采空区顶板发出闷雷般的声音。顶板岩层破碎、掉渣而且渐多、渐密，顶板裂缝加深、加大、快速下沉，靠煤壁顶板出现台阶式下沉等现象，就表明有大冒顶的危险。

（2）煤壁预兆。由于冒顶前顶板压力增加，煤壁受压后，煤质变软，片帮增多。使用煤电钻打眼时很省力，采煤机割煤时负荷减小。

（3）支架预兆。使用木支柱时，支柱大量被压断或劈裂产生响声。使用金属支柱的工作面，顶板来压活柱快速下降，发生"咯咯"声，支柱发颤，铰接顶梁销子被挤出或弹出，支柱大量被压入底板。

（4）瓦斯含量和淋水。有瓦斯的工作面瓦斯含量突然增多，有淋水的工作面淋水突然增大等。

第四节 预防采煤工作面发生大型冒顶的一般措施

大型冒顶的危害性很大，在工作面设计和生产过程中，必须采取有效措施，避免其发生。要根据工作面煤层的顶底板特性，制定周密的支护方法和安全技术措施，工人在操作时严格按照作业规程作业，才能保证安全生产。一般采取以下措施：

（1）提高单体支柱的初撑力和刚度。由于木支柱和摩擦金属支柱初撑力小、刚度差，易导致煤层复合顶板离层，使采煤工作面支架不稳定，所以在工作面不准使用木支柱和摩擦金属支柱，只能使用单体液压支柱。同时，根据煤层赋存特征、顶底板类型，选择合理的支护密度和控顶距，保证安全生产。

（2）提高支架的稳定性。煤层倾角大或在工作面仰斜推进时，为防止顶板沿倾斜方向滑动推倒支架，应采用斜撑、抬棚、木垛等特种支架来增加支架的稳定性。

（3）严格控制采高。开采厚煤层第一分层要控制采高，使直接顶冒落后破碎膨胀能充满采空区。这种措施的目的在于堵住冒落大块岩石的滑动。

（4）在破碎顶板条件下，要及时支护，打贴帮柱；掏窝挂梁，超前支护，预防片帮冒顶。还可采用锚杆锚固顶板和煤帮、化学注浆加固顶板等方法改善顶板状况。

（5）采煤工作面初采时不要反向开采。有的矿为了提高采出率，在初采时向相反方向采几排煤柱，如果是复合顶板，开切眼处顶板暴露使离层断裂，当在反向推进范围内初次放顶时，很容易在原开切眼处诱发推垮型冒顶事故。此外，还可以改变工作面推进方向，如采用伪俯斜开采，防止推垮型大冒顶。

（6）掘进回风巷、运输巷时不得破坏复合顶板。挑顶掘进回风巷、运输巷破坏了复合顶板的完整性，易造成推垮冒顶事故。

（7）对坚硬顶板采取高压注水和强制放顶。对于坚硬难冒顶板可以用微震仪、地音仪和超声波地层应力仪等进行监测，做好来压预报，避免造成灾害。具体可以采用顶板高压注水和强制放顶等措施改变岩体的物理力学性质，以减小顶板悬露及冒落面积。

（8）加强矿井生产地质工作，加强矿压的预测预报。

（9）在顶板控制及管理方面，技术因素固然重要，但从顶板事故发生的原因来看，它不仅有技术上的，更重要的还有教育宣传、学习和各种管理等方面的因素。因此，在现阶段条件下，必须采取综合治理，既要抓技术又要抓管理，既要提高工人的素质又要提高基层区队干部的管理水平，这才是控制顶板事故的根本途径。

第五节　复合型顶板冒顶事故的预防及处理方法

近年来，在采煤工作面大面积冒顶事故中，复合顶板下推垮型事故比较多，伤亡也较大。复合顶板是煤层顶板由下软上硬不同岩性的岩层组成的，软硬岩层间夹有煤线或薄层软弱岩层，下部软岩层的厚度一般大于0.5 m且不大于煤层采高。

在我国很多矿区都存在复合型顶板，在复合顶板条件下的冒顶事故是相当严重的。这类顶板有两种不同类型的冒顶事故，即矿压显现显著的冒顶事故和无矿压显现的冒顶事故。在复合顶板条件下绝大部分冒顶事故属于无显著矿压显现的冒顶事故，事故前预兆不明显，有时防不胜防，对安全威胁极大。

复合顶板的特性是下软上硬，容易发生离层，在软硬顶板之间常有极薄弱光滑面，黏结力很小极易分离，如图14-5所示。

预防复合顶板煤层工作面冒顶的措施有：

（1）要正确选择合适的架型，保证支架的支设质量和数量，增加支架密度，掌握周期来压规律，加快工作面推进度。在复合顶板条件下严禁仰斜开采。因仰斜开采使顶板产生向采空区方向移动的力，当采空区冒落的矸石不能填满时，顶板向下移动没有阻力，带动下面的支柱向采空区方向倾斜，容易形成大型推垮型冒顶事故，如图14-6所示。

（2）工作面两巷不得挑顶掘进。在复合顶板条件下如果巷道挑顶掘进，会带来极为严重的后果。因为此处是工作面输送机上下机头的位置，随着工作面推进，机头不断移动，抬棚等支架也要反复支撑，复合顶板经反复松动，加剧了顶板的离层和下沉，随时都有冒顶的危险。

（3）开切眼的支护。复合顶板的冒顶事故发生在开切眼中的比例是很大的，有的尚未正式开采，仅开采一两次煤帮就发生冒顶事故，这主要是因为开切眼时支护不合理。如用木棚支护开切眼，由于木棚初撑力小，加上顶板破碎，支护刚度很小，所以开切眼顶板早已离层，情况如图14-7所示。为防止开切眼冒顶必须改变支护方式，锚杆、单体液压

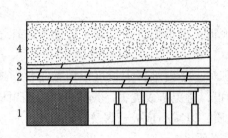
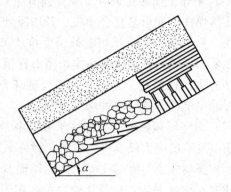

1—煤层；2—直接顶；3—薄弱光滑面；4—坚硬砂岩层

图14-5　复合型顶板离层现象　　　　图14-6　复合型顶板推垮型冒顶

支柱支护是行之有效的方法。

（4）在采煤工作面内预防冒顶。提高支柱的初撑力是防止顶板离层，杜绝推垮型冒顶事故的基础措施，这样可以使复合顶板不离层或少离层。支护方面，在复合顶板下稳定性最强的特殊支架是木垛，如果工作面空间较小可采用双排木垛三角形布置，如图14-8所示。这在初次放顶期间对保证工作面和人员的安全最为有效。另外，适当增大控顶距，可以利用软顶上面较坚硬顶板下沉量增大的数量，补偿或减小软顶与硬顶的离层距离，提高支柱工作阻力，有效支护顶板。

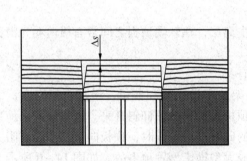
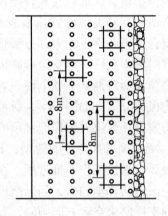

图14-7　开切眼复合顶板离层情况　　　　图14-8　工作面木垛三角形布置

第六节　采煤工作面坚硬顶板的管理

采煤工作面坚硬顶板难以垮落一直是国内外顶板控制中的一个难题。有的初次冒落跨度达50 m以上、冒落面积在3000 m² 以上的，也同样存在大冒顶的威胁，预防难冒顶板的冒顶事故也是预防顶板事故的重要内容之一。坚硬顶板是指没有直接顶或直接顶坚硬完整的顶板。开采坚硬难冒顶板的煤层，采空区容易形成大面积悬顶。在超过极限悬顶面积后，顶板会突然冒落，造成剧烈的动力现象。大面积的顶板在极短的时间内冒落，不仅对回采工作面支护产生严重破坏而且把已采空间的空气瞬间排出，形成巨大的风暴，对附近巷道甚至矿井带来极大破坏。顶板大面积来压与冒落，产生压垮型顶板灾害事故，是开采坚硬难冒顶板煤层的主要技术难点。坚硬顶板的垮落及来压有规律可循，根据来压规律及特点采取相应的措施，可有效避免坚硬顶板垮落造成顶板事故。

一、坚硬顶板的来压规律及预兆

（一）长壁工作面来压规律

在长壁工作面开采坚硬难冒顶板的煤层，在初次来压前，坚硬难冒顶板可视为板结构，这时采煤工作面处于板结构的保护下，顶板来压并不显著。周期来压前，工作面上方尚未破坏的基本顶岩层开始呈现悬露状态，上覆岩层的重量由基本顶的悬露直接传递给煤壁，此时工作面空间处于"悬板"保护下，随着工作面的推进，基本顶悬露跨度增加，挠度增加，致使煤壁内支承压力也相应增大，同时表现为煤壁的变形与片帮。

（二）坚硬难冒顶板工作面来压规律

1. 初次来压与周期来压步距大

坚硬难冒顶板采煤工作面初次来压步距一般大于 30 m，整体厚砂岩或砂岩、灰岩组合顶板则大于 50 m，甚至可达 100 m 以上。周期来压步距小于初次来压步距，但一般也大于 20 m。同时有大、小周期之分，大的周期来压步距与初次来压步距相近。

这类直接顶初次放顶，一般经过初次垮落和周期垮落两个阶段。对此，应采取下列主要措施：

（1）支柱具有足够的密度和支护强度。单体支柱回出后，应立即全部支撑在新放顶排上，提高工作面顶板的整体支撑力量。

（2）加强新放顶排的特殊支护，增大新放顶排的支护强度和密度。特殊支架的形式、支护强度及密度应通过计算和生产实践在作业规程中确定。

（3）合理确定初次垮落阶段的控顶距。在直接顶单独运动阶段，以下情况应比正常最小控顶距加大 1~2 排：

① 控顶接近直接顶初次断裂步距时而且该步距较大；接近直接顶周期性垮落时而且周期垮落步距较大。

② 直接顶在煤壁附近出现裂缝时（待工作面推过裂缝至少 2 个排距时才可放顶）。

③ 当直接顶存在推垮工作面危险时。

（4）在直接顶初次垮落步距较大时（大于 20 m），要提前采取强制放顶措施，即在工作面推进 7~10 m 时进行强制放顶，使顶板产生裂隙，从而易于垮落，以减弱初次放顶时对工作面的冲击强度。

（5）强制放顶前，要根据顶板压力，每隔 5~8 m 沿放顶线架设木垛，压力较大时，为防止推倒木垛，应在木垛四周增设点柱固定。

2. 工作面切顶线后方顶板悬露面积大

坚硬难冒顶板工作面切顶线后方的顶板悬露面积大，一般形成 3~6 m 的悬顶。悬顶大造成支架前后受力不均，后柱压力常常为前柱压力的 1.5 倍，同时造成工作面顶板有时沿煤壁折断。

3. 顶板来压烈度大

顶板来压时，造成支柱折断，严重的会推倒支架及工作面。液压支架工作面来压比单体支柱工作面烈度还要人，常会使液压支架发生严重损坏，主要表现为支柱活柱变形、弯曲裂开、缸体胀裂、底座变形等，严重时会使高吨位液压支架的缸体炸裂。

（三）顶板大面积来压和冒落的预兆

顶板大面积来压和冒落前都会出现一定的预兆，但是这些预兆与顶板冒落之间的时间关系变化较大。冒落前预兆一般有以下现象：

（1）工作面煤壁片帮或煤柱炸裂并伴有明显的响声；煤炮增多，工作面和顺槽都出现煤炮，其至每隔 5 ～ 6 min 就响一次。

（2）由于煤体内支承压力的作用，煤层中的炮眼变形，打完钻孔不能装药，甚至打钻后连煤钻杆都拔不出来。

（3）可听到顶板折断发出的闷雷声（发出声响的位置由远及近，由低到高），岩石开裂声次数显著增加。

（4）顶板下沉急剧增加，采空区顶板有明显的台阶状断裂、下沉或回转，垮落岩块呈长条状，致使采空区信号柱受压，柱帽压裂，爆破崩不倒或在短时间内压弯、折断。

（5）顶板有时出现裂隙与淋水，底板局部也可能底鼓，出现裂隙和出水，断层处滴水增大，有时钻孔中流水混有岩粉，严重时顶板可能掉矸。

（6）来压时，支架压力突增。

（7）如果设有微震仪观测，可发现记录中有较多的岩体破裂与滑移的波形出现，也可记录到小的顶板冒落。

二、坚硬顶板的处理方法

坚硬顶板工作面容易发生大面积冒顶事故，因此在采用全部垮落法管理顶板时，必须采取有效措施把顶板放下来。开采厚层坚硬顶板煤层时，可采用刀柱法、挑顶法、高压注水和爆破强制放顶等方法。其中爆破强制放顶和高压注水软化顶板的方法用得比较多。

（一）强制放顶

工作面采用强制放顶技术后，随着工作面的推进，采空区坚硬顶板定期被崩落一部分，达到了使坚硬顶板小范围分层冒落的目的，释放了顶板的部分压力，使坚硬顶板大面积冒落造成的危害大大降低，从而保证了煤矿生产的安全。强制放顶主要有以下 3 种方法。

1. 平行工作面深孔强制放顶

这种方法是隔一定距离（取值小于来压步距）对顶板处理一次，在采空区上方形成一定高度的破坏沟槽，使坚硬顶板的下部岩层能分层、分段冒落。在工作面前方，平行工作面向未采动煤层上方顶板打深孔，如图 14 - 9 所示。

钻孔布置与工作面倾角和工作面长度有关。当煤层倾角小于 30°时，一般由工作面下部平巷或专门硐室中向上打钻孔；当煤层倾角大于 30°时，则采用由上部平巷或专门硐室向下打钻孔的方式，以减轻向钻孔内装药的困难。当工作面长度大于 120 m 时，必须采取由工作面上下方同时打钻的方式。

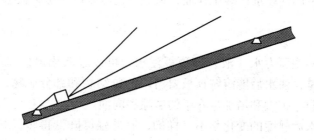

图 14-9　平行工作面深孔强制放顶示意图

2. 钻孔垂直工作面的强制放顶

钻孔垂直工作面的强制放顶是在工作面向采空区顶板钻眼爆破，放顶工作随工作面推进循序进行。放顶方式分步距式双（单）拉槽与循环台阶式两种，步距式双拉槽放顶如图 14-10 所示。在工作面推进过程中，每隔一定距离，即在周期来压前，沿工作面切顶线方向打两排孔径为 60～64 mm 的钻孔，孔深 6～8 m，钻孔的垂直深度一般取采高的 2.5～3.5 倍，通过连续 2 次爆破在顶板形成 1 个一定宽度的沟槽。对单体支柱工作面，平时生产过程中，可再沿工作面打孔径为 45 mm 的小孔，孔深 2～3 m，爆破顶板岩层，避免顶板垮落块度大，摧垮切顶支架，从而保证人工安全回柱。钻孔时可考虑由工作面上下方同时打钻的方式。

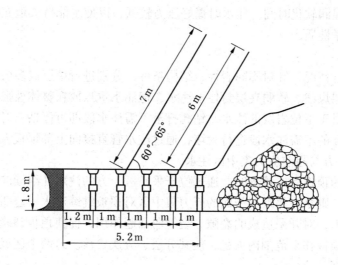

图 14-10　步距式双拉槽强制放顶示意图

循环台阶式放顶时，沿工作面切顶线方向分 2～3 段，每段先后布置孔径为 60～64 mm 的放顶钻孔，孔深一般不超过采高的 4 倍，每推过 1 个循环放顶 1 段，从而及时切断采空区悬顶，切顶线从平面看呈台阶形。

3. 超前深孔爆破预松顶板

在采煤工作面前方坚硬顶板中预先打好深钻孔并进行超前爆破，使离煤层上方一定距离处的顶板在预定范围内超前采煤工作面，形成一定程度的裂隙区而且不破坏直接靠近煤层顶板的岩层。

（二）注水软化顶板

通过钻孔向顶板注压力水（液）即顶板注水，可以起软化顶板和增大裂隙及弱面的作用。其主要机理是，注水后能溶解顶板岩石中的胶结物和部分矿物，减少层间黏结力；高压水可以形成水膜，扩大和增加岩石中的裂隙和弱面。因此，注水后岩石的强度将显著降低。不同岩石注水后强度的变化是不一样的，有的强度降低得多，有的强度降低得少。因此，在决定对顶板岩层采用注水软化前，要对顶板岩层的软化性做试验。下面介绍一下注水工艺与注水方法。

1. 注水工艺与方式

顶板注水工艺包括在顶板中钻注水孔、注水孔孔口封堵、向顶板注水等。注水孔孔口封堵是注水处理顶板的一个重要环节，根据要求和条件，可采用橡胶封口器封孔或水泥砂浆封孔。注水由静压管路送到井下区段平巷，经过滤器过滤后，由水泵排经出水管、高压胶管、快速接头和注水管，将水注入顶板。工作面注水方式有单侧布孔与双侧布孔 2 种，注水孔超前工作面钻进。

2. 注水方法

由于注入顶板内的水对岩体有软化与压裂两种作用，可分别采用不同的方法。

1）超前工作面预注水

在工作面开采前，超前工作面一定距离进行顶板注水，要求水注入顶板后，对顶板有 10～12 d 以上的湿润软化时间。注水时最好压力较低，以使水能持久地充满岩石孔隙，从而影响岩石的力学性质。

2）分层注水

根据顶板组合情况，针对不同岩性、结构条件，分别进行单层或多层注水。一般情况都把顶板中的薄层煤线、软弱夹层封住不注水，把注水重点放在整体性强、对工作面压力影响大的岩层。对于下位岩层的注水，钻孔打至不需注水段即可停钻；对于上位岩层的注水，则需将注水孔的不需注水段进行封堵，通过注水管直接向上部顶板岩层注水。

3）采空区上方与超前应力集中区注水

采空区上方的顶板尚未冒落时，通过位于采空区上方的注水孔继续向顶板注水；超前应力集中区注水，则是在邻近工作面的应力集中区对顶板继续注水。这两种做法的目的都是想借助水的压力，对开采造成的裂隙、裂缝弱面起作用，促使顶板裂缝扩展，减小顶板的稳定性，促使顶板在小范围内失稳，使其分层、分次冒落。这两个区域注水，都要求注水流量大、压力高。

第七节　厚煤层改变采高时工作面冒顶的预防

当煤层厚度变化在 3～5 m 时，由于煤层厚度的改变，工作面本来是单层开采，在采到煤层显著变厚时，则需分层开采。或者先用分层开采法采厚煤层，煤层逐渐变薄不能分层时，又需将分层开采变为单层开采。在这种情况下，如措施不当，容易发生冒顶事故。因此，在厚煤层改变采高时，工作面要预防冒顶，应根据具体情况，采取相应技术措施。

一、由整层开采变为分层开采预防冒顶的措施

首先将一次采全高工作面的支柱回撤到最小排数，打好撑木与密集支柱作为下分层的开切眼；上分层继续开采，初采时用打眼爆破或手镐按分层采高的要求做出台阶；台阶与高支架间用木板背实，以防片帮。然后在台阶上打支柱铺设人工顶板即为上分层工作面，可以继续回采，如图 14－11 所示。

在上分层回柱前要把相邻的高支架用拉条及撑木钉牢，以防被上分层回柱放顶时推倒，还要在上分层留末排支柱不回并挡好木板或笆帘防止放顶时矸石窜入下分层工作面内。上分层工作面推进 20～30 m 后，下分层就可以开采了，推进三排支柱后原来的高支柱就可以回收放顶，如图 14－12 所示。

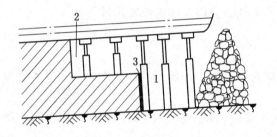 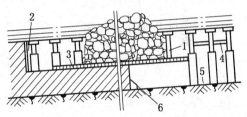

1—下分层开切眼；2—上分层开切眼；3—木板

图 14－11　由整层开采变为分层开采

1—木板；2—上分层工作面；3—人工顶板；4—撑木、拉条；5—下分层开切眼；6—下分层工作面

图 14－12　整层开采变为分层开采方法示意图

二、由分层开采变为一次采全高预防冒顶的措施

首先从原分层工作面沿煤壁的两排或三排支柱中间向下拉底，见煤层底板后分段将原来的支柱换成新采高的高支柱。换高支柱时必须一根一根地换并密切注意顶板的活动。支柱换完后工作面就可以按整层开采方式向前推进。第一排高支柱和台阶之间要用木板刹严，防止台阶片帮倒塌。换过的高支柱必须打好撑木与拉条，使支架成为一体，以增加支护的稳固性，防止冒顶事故的发生，如图 14－13 所示。

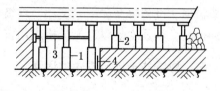

1—换好的高支柱；2—原工作面支柱；3—撑木；4—木板

图 14－13　由分层开采变为一次采全高

第八节　冲击地压对矿井生产的影响及其控制

冲击地压是矿井巷道或采煤工作面周围煤（岩）体，由于能量的释放而产生的以突然、急剧、猛烈的破坏为特征的矿山压力现象，它是煤矿的重大灾害之一。最常见的是煤层冲击，主要特征是具有突发性，发生前无征兆、持续时间短暂。表现形式有煤爆、浅部冲击和深部冲击等。破坏性表现在煤壁片帮、顶板下沉和底鼓、支架折损、人员伤亡、巷

道堵塞等；复杂性表现在发生在不同的采煤方法、不同的煤种、不同的深度、不同的煤厚、不同的顶板等情况下。

一、冲击地压成因

冲击地压是煤矿开采过程中，在高应力状态下积聚有大量弹性能的煤（岩）体突然发生破坏、冒落或抛出，使能量突然释放并伴随有声响、震动和冲击波的矿山压力现象，也被称作煤爆、岩爆。在顶底板岩层比较坚硬，煤层坚硬具有脆性或地质构造带中尚存的残余应力，形成构造应力场的开采环境下，当矿井开采达到一定深度后，在顶板自重应力或构造应力等作用下，使周围岩体积聚有大量弹性能和部分岩体接近极限平衡状态。采掘工作面接近这些地方时或由于爆破等外部原因使其力学平衡状态发生破坏时，岩体内部的高应力由最大值瞬间降至理论上的零值，煤体或岩体发生脆性破坏，积聚的弹性能突然释放，其中很大部分能量转变为动能，产生的冲击性动力现象即形成冲击地压。

二、常见的几种显现状态

冲击地压现象就是一种以急剧、猛烈破坏为特征的矿山压力的动力现象，主要表现为以下几种状态：

（1）弹射。单个碎块从处于应力状态下的煤或岩体上弹射出来并伴有强烈声响，属于微冲击现象。

（2）矿震。它是发生在煤体或岩体内部或深部的冲击地压，即深部的煤体或岩体发生破坏，但是煤或岩石不向已采空间内抛出，只有片帮或散落现象，煤或岩体震动，伴有声响，有时产生煤尘。较弱的矿震称为微震。

（3）弱冲击。煤或岩石向已采空间抛出，但破坏性不大，对支架、机器和设备基本没有损坏，对工作人员可能构成伤害。围岩产生震动，一般震级在2.2级以下，伴有很大的声响，产生煤尘，在瓦斯煤层中可能伴有大量瓦斯涌出。

（4）强冲击。部分煤或岩体急剧破坏，向已采空间大量抛出，产生严重后果，出现支架折损、设备移动和围岩震动，震级在2.3级以上，伴有巨大声响，形成大量煤尘，产生冲击波，其强度足以对人员构成伤害。

三、影响冲击地压发生的因素

影响冲击地压发生的因素有开采深度、煤层和顶底板岩石的性质及特征、地质构造以及开采技术条件。

（一）开采深度

由岩体自重应力得出，煤（岩）体受的垂直应力与矿井开采深度成正比，深度越大受的垂直应力越大。煤层被采动后，各种巷道和工作面周围岩体内将发生应力重新分布。若有煤柱或其他采掘工程影响时，会造成应力集中，当其达到一定强度时，可能发生冲击地压。根据各矿资料显示，发生冲击地压的矿井，其开采深度都在200 m以上，随着开采深度的增大，发生的频次和强度随之增加。

（二）煤层和顶底板岩石性质及特征

顶底板岩层比较坚硬，这就使其在破坏前的全部变形中，弹性变形占的比重大而塑性变形所占比重较小。这样一来，厚而坚硬顶板的初次来压和周期来压步距较大（初次来压步距一般在50m左右），采后易形成大面积悬顶，积聚大量的弹性能，这是发生冲击地压的典型条件。另一方面，煤层坚硬有脆性，其抗压强度也随之增大，当其承压达到极限平衡时，在外部诱因（如爆破等）的作用下，使其平衡状态破坏，煤体发生脆性破坏，弹性能突然释放，发生冲击地压。另外，煤层厚度越大，煤体发生脆性破坏的倾向性越大，发生冲击地压的概率也越大。

（三）地质构造

通常在地质构造带中尚存有一部分地壳运动的残余应力，形成构造应力场。在煤矿中常有断层、褶曲和局部异常（如底板凸起、顶板下陷、煤层分岔、变薄或变厚等现象）等。如断层在形成的过程中，断裂能够释放一定的能量，使其两侧的构造应力降低，但在断层的尾端构造处，仍可积聚较大的残余应力，给发生冲击地压创造了必要条件。冲击地压常常发生在这些构造应力集中的区域。

（四）采煤方法

各种采煤方法的巷道布置和顶板管理方法不同，所产生的矿山压力和分布规律也不相同。一般来说，短壁体系采煤方法由于开掘巷道多，巷道交叉多，煤柱多，形成多处支承压力叠加，积聚大量能量，易发生冲击地压。而采用长壁采煤法，不留或少留煤柱，不易形成应力集中，发生冲击地压次数显著减少。

（五）采掘顺序

采掘顺序对形成矿山压力的大小和分布有影响。巷道和工作面相向推进以及在回采工作面或煤柱中的支承压力带内掘进巷道，都会使集中应力叠加而发生冲击地压。此外，若开采顺序不当，留下待采煤柱等，也都会增大集中应力，形成发生冲击地压的条件。

（六）爆破

爆破产生震动，引起动载荷。一方面能使煤层中的应力迅速重新分布而增加煤体应力；另一方面能迅速解除煤壁边缘侧向阻力，改变煤体的应力状态，由三向压缩变为二向压缩，导致迅速破坏。因此，爆破具有诱发冲击地压的作用。此外，钻机、掘进机或其他采煤机工作时，也能局部改变煤体的应力状态，具有诱发作用。

四、冲击地压的防治

根据发生冲击地压的机理，防治的基本原理有两方面：一是降低应力的集中程度；二是改变煤（岩）体的物理力学性能，以减弱积聚弹性能的能力和释放速率。

（一）降低应力的集中程度

减弱煤层或煤层区域的矿山压力值的方法有：超前开采保护层；无煤柱开采，在采区内不留煤柱和煤体突出部分，禁止在邻近层煤柱的影响范围内开采；合理安排开采顺序，避免形成三面采空状态的回采区段或条带；在回采工作面前方掘进巷道，必要时应在岩石或安全层内掘进巷道；禁止工作面对采和追采。

（二）改变煤层的物理力学性能

改变煤层的物理力学性能的方法主要有煤层高压注水、震动爆破、孔槽卸压等。

（1）煤层高压注水的作用是人为地在煤（岩）内部形成一系列的弱面，起软化作用，以降低煤的强度和增加塑性变形量。注水后，煤的湿度增加，使其单向受压的塑性变形量也增加。

（2）震动爆破是人为地释放煤体内部集中应力区积聚的能量。在回采工作面中使用时，一般是在工作面沿走向打4~6 m深的炮眼，进行松动爆破。它的作用是可以诱发冲击地压和在煤壁前方经常保持一个破碎保护带，使最大支承压力转入煤体深处，随后即使发生冲击地压，对采场的威胁也大为降低。

（3）孔槽卸压是用大直径钻孔或切割沟槽使煤体松动，达到卸压效果。卸载钻孔的深度一般应穿过应力增高带。在掘进石门揭开有冲击危险的煤层时，应距煤层5~8 m处停止掘进，使钻孔穿透煤层，进行卸压。在回采工作面使用时，钻孔深度为15~20 m，钻孔直径300 mm，孔距为1~1.5 m。

（三）降低煤层边缘的冲击危险程度

可依靠选择最佳采煤方法、回采设备，确定开采参数和工作制度等方法，局部降低煤层边缘的冲击危险程度。如当开采有冲击危险的单一煤层时，如果条件合适，应当采用直线长壁工作面的前进式采煤方法并在巷道侧不留煤柱。对有冲击危险的厚煤层，应采用倾斜分层长壁式采煤方法，上分层的开采厚度应当最小。开采有冲击危险煤层时，无论是在回采工作面还是在掘进工作面，都应当采用支撑力大的可缩性金属支架，如单体液压支柱、液压支架。

图书在版编目（CIP）数据

支护工：初级、中级、高级/煤炭工业职业技能鉴定指
导中心组织编写 . – – 3 版 . – – 北京：应急管理出版社，
2024

煤炭行业特有工种职业技能鉴定培训教材

ISBN 978 – 7 – 5237 – 0421 – 9

Ⅰ. ①支… Ⅱ. ①煤… Ⅲ. ①煤矿—矿山支护—职业
技能—鉴定—教材 Ⅳ. ①TD35

中国国家版本馆 CIP 数据核字（2024）第 016058 号

支护工（初级、中级、高级） 第 3 版

（煤炭行业特有工种职业技能鉴定培训教材）

组织编写	煤炭工业职业技能鉴定指导中心
责任编辑	李景辉
责任校对	孔青青
封面设计	于春颖

出版发行 应急管理出版社（北京市朝阳区芍药居 35 号　100029）
电　　话 010 – 84657898（总编室）　010 – 84657880（读者服务部）
网　　址 www. cciph. com. cn
印　　刷 河北鹏远艺兴科技有限公司
经　　销 全国新华书店

开　　本 787mm×1092mm$\frac{1}{16}$　**印张** 13$\frac{3}{4}$　**字数** 324 千字
版　　次 2024 年 3 月第 3 版　2024 年 3 月第 1 次印刷
社内编号 20231064　　　　　**定价** 48.00 元